普通高等院校城乡规划专业“十三五”精品教材

宜居园林式城镇规划设计

Planning and Design of Livable Garden Town

本书编著 李 勤 牛 波 胡 炘

本书编写委员会

李 勤 牛 波 胡 炘 王 莉 程 伟

尹志洲 刘钧宁 田伟东 董美美 郁小茜

田梦堃 华 珊 万婷婷

华中科技大学出版社

中国·武汉

内容简介

本书系统论述了宜居园林式城镇规划设计的基本原理与方法。全书共分8章，包括宜居园林式城镇规划设计基础、绿地系统规划、道路与基础设施、环境与景观规划、综合防灾减灾规划、文化传承保护、住宅规划等，并结合各章规划内容配有设计案例。书中内容丰富，由浅入深，逻辑清晰，便于操作，具有较强的实用性。

本书可作为高等院校城乡规划专业、建筑学专业的教科书，也可供从事规划、设计、施工等相关领域的工程技术人员参考。

图书在版编目(CIP)数据

宜居园林式城镇规划设计/李勤，牛波，胡炘编著．—武汉：华中科技大学出版社，2020.1
普通高等院校城乡规划专业"十三五"精品教材
ISBN 978-7-5680-5880-3

Ⅰ.①宜… Ⅱ.①李… ②牛… ③胡… Ⅲ.①城镇-城市规划-中国-高等学校-教材
Ⅳ.①TU984.2

中国版本图书馆CIP数据核字(2019)第282499号

宜居园林式城镇规划设计 李 勤 牛 波 胡 炘 编著
Yiju Yuanlinshi Chengzhen Guihua Sheji

策划编辑：简晓思
责任编辑：周怡露
封面设计：王亚平
责任校对：李 琴
责任监印：朱 玢
出版发行：华中科技大学出版社(中国·武汉) 电话：(027)81321913
武汉市东湖新技术开发区华工科技园 邮编：430223
录 排：华中科技大学惠友文印中心
印 刷：武汉华工鑫宏印务有限公司
开 本：850mm×1065mm 1/16
印 张：13.25
字 数：287千字
版 次：2020年1月第1版第1次印刷
定 价：48.00元

普通高等院校城乡规划专业“十三五”精品教材

总　　序

《管子》一书《权修》篇中有这样一段话：“一年之计，莫如树谷；十年之计，莫如树木；百年之计，莫如树人。一树一获者，谷也；一树十获者，木也；一树百获者，人也。”这是管仲为富国强兵而重视培养人才的名言。

“十年树木，百年树人”即源于此。它的意思是说，培养人才是国家的百年大计，既十分重要，又不是短期内可以奏效的事。“百年树人”并不是非得一百年才能培养出人才，而是比喻培养人才的远大意义，要重视这方面的工作，并且要预先规划，长期、不间断地进行。

当前，我国城市和乡村发展形势迅猛，急缺大量的城乡规划专业应用型人才。全国各地设有城乡规划专业的学校众多，但能够既符合当前改革形势又适用于目前教学形式的优秀教材却很少。针对这种现状，急需推出一系列切合当前教育改革需要的高质量优秀专业教材，以推动应用型本科教育办学体制和运作机制的改革，提高教育的整体水平，并且有助于加快改进应用型本科办学模式、课程体系和教学方法，形成具有多元化特色的教育体系。

这套系列教材整体导向正确，科学精练，编排合理，指导性、学术性、实用性和可读性强。符合学校、学科的课程设置要求。以城乡规划学科专业指导委员会的专业培养目标为依据，注重教材的科学性、实用性、普适性，尽量满足同类专业院校的需求。教材内容上大力补充新知识、新技能、新工艺、新成果；注意理论教学与实践教学的搭配比例，结合目前教学课时减少的趋势适当调整了篇幅。根据教学大纲、学时、教学内容的要求，突出重点、难点，体现了建设“立体化”精品教材的宗旨。

这套系列教材以发展社会主义教育事业，振兴城乡规划类高等院校教育教学改革，促进城乡规划类高校教育教学质量的提高为己任，为发展我国高等城乡规划教育的理论、思想，对办学方针、体制，教育教学内容改革等进行了广泛深入的探讨，以提出新的理论、观点和主张。希望这套教材能够真实地体现我们的初衷，真正成为精品教材，受到大家的认可。

中国工程院院士　何镜

2007年5月于北京

前　言

宜居园林式城镇规划设计的理念是给居住者提供一个生态宜居、安全稳定、环境优雅、文化底蕴丰富的居住环境。本书结合作者多年从事教学研究和工程实践的成果和体会，全面系统地论述了宜居园林式城镇规划设计的基本原理和主要方法。全书共分为8章，主要包括宜居园林式城镇规划设计基础、宜居园林式城镇绿地系统规划、宜居园林式城镇道路与基础设施、宜居园林式城镇环境与景观规划、宜居园林式城镇综合防灾减灾规划、宜居园林式城镇文化传承保护、宜居园林式城镇住宅规划等，并结合各章规划内容配备设计案例。本书结构层次清晰，由浅入深，内容丰富，便于自学，理论联系实际，接近工程，便于操作，具有较强的适用性和推广价值。

本书由李勤、牛波、胡炘编著。其中各章分工为：第1章由李勤、王莉、程伟、尹志洲撰写；第2章由牛波、王莉、刘钧宁、田伟东撰写；第3章由胡炘、董美美、李勤、郁小茜撰写；第4章由李勤、胡炘、田梦堃、田伟东撰写；第5章由李勤、牛波、郁小茜撰写；第6章由华珊、李勤、程伟、刘钧宁撰写；第7章由万婷婷、牛波、胡炘、尹志洲撰写；第8章由李勤、牛波、董美美、田梦堃撰写。

本书的撰写得到了住房和城乡建设部课题“生态宜居理念导向下城市老城区人居环境整治及历史文化传承研究”(批准号:2018-KZ-004)、北京市社会科学基金项目“宜居理念导向下北京老城区历史文化传承与文化空间重构研究”(批准号:18YTC020)、北京市教育科学“十三五”规划课题“共生理念在历史街区保护规划设计课程中的实践研究”(批准号:CDDB19167)、北京建筑大学未来城市设计高精尖创新中心资助项目“创新驱动下的未来城乡空间形态及其城乡规划理论和方法研究”(批准号:udc2018010921)、中国建设教育协会课题“文脉传承在‘老城街区保护规划’课程中的实践研究”(批准号:2019061)的支持，同时得到了西安高科集团的资助。在调研过程中，成都市规划设计研究院、淮南市规划局、临汾市规划局等单位均给予了很大的帮助。本书在撰写过程中还参考了许多专家和学者的有关研究成果及文献资料，在此一并向他们表示衷心的感谢！

由于水平有限，书中难免还有许多不足之处，敬请批评指正。

编　者

2019年9月

目　　录

第 1 章　宜居园林式城镇规划设计基础

1.1　城镇的基本内涵

1.1.1　城镇的概念

不同学科对“城镇”的概念有不同的定义，具体如下。

(1) 从人口学角度看，以非农业人口为主(非农业人口占50%以上)，常住人口在2000人以上、10 万人以下的居民点，都是城镇。2007—2017 年间，我国城镇人口数量变化如表 1.1 所示。

表 1.1　2007—2017 年全国城镇人口数量

年　　份	城镇人口数量/万人	比例/%
2007	60 633	45.89
2008	62 403	46.99
2009	64 512	48.34
2010	66 978	49.95
2011	69 079	51.27
2012	71 182	52.57
2013	73 111	53.73
2014	74 916	54.77
2015	77 116	56.10
2016	79 298	57.35
2017	81 347	58.52

数据来源：《中国统计年鉴 2018》。

(2) 从经济学角度看，城镇是具有一定规模工商业的居民点。2007—2017 年全国城镇经济发展状况如表 1.2 所示。

表 1.2　2007—2017 年全国城镇经济发展状况

年份	城镇就业人员/万人		全社会固定资产投资/亿元	城镇非私营单位就业人员平均工资总额/元		城镇居民平均消费支出/元
2007	75 321		117 464.5	24 721		12 480
2008	75 564		148 738.3	28 898		14 061
2009	75 828		193 920.4	32 244		15 127
2010	76 105		243 797.8	36 539		17 104
2011	76 420		302 396.1	41 799		19 912
2012	76 704	数据按三次产业分	364 854.1	46 769	数据按行业分	21 861
2013	76 977		435 747.4	51 483		23 609
2014	77 253		501 264.9	56 360		25 424
2015	77 451		551 590.0	62 029		27 210
2016	77 603		596 500.8	67 569		29 295
2017	77 640		631 684.0	74 318		31 032

注：表中城镇单位包括国有单位、城镇集体单位及其他单位；城镇单位就业人员包括：国有单位就业人员、城镇集体单位就业人员、股份合作单位就业人员、联营单位就业人员、有限责任公司就业人员、股份有限公司就业人员、私营企业就业人员、港澳台商投资单位就业人员、外商投资单位就业人员、个体。数据来源：《中国统计年鉴 2018》。

(3) 从社会学角度看，城镇可以理解为居民生活方式转变为现代化社会生活方式（包括生产方式、就业方式、居住方式等），城镇居民居住环境、居住条件得到相应改善，并享有相配套的公共服务设施（教育、医疗、卫生、文化、体育等）的居民点。

(4) 从生态学角度看，城镇发展以坚持生态理念为主旨，全面建设绿色环境、绿色经济、绿色社会、绿色人文、绿色消费的生态城镇。

可见，城镇是一个综合性的概念，从不同角度诠释，有多层含义，包括人口结构、经济结构、生活和生产方式、生态文明等。城镇可以理解为人口规模在 2000 人以上、10 万人以下，工商业较发达，经济发展具备一定实力，产业结构达到一定要求，拥有相对完善的公共基础设施，注重生态发展，可满足居民基础物质生活条件和精神生活需求的群落。

1.1.2　城镇的分类

我国城镇类型呈现出多样化的特征。本书从城镇自身特色和区域地理环境两方面对城镇进行分类。

1. 按城镇自身特色分类

城镇类型按自身特色分为工业型城镇、农业型城镇、资源型城镇和旅游型城镇。

(1) 工业型城镇。

工业型城镇产业以工业为主，工业产值在整个产业结构中占比大，工业劳动力从业者数量多；工业具有一定规模，生产技术和生产设备具有一定水平，且交通设施、交通运输系统较发达。在我国沿海地区此类城镇较多，这些城镇随着当地工业企业的壮大，不仅设置了工业园区，还通过各种招商引资政策吸引更多的外来工业企业。

(2) 农业型城镇。

农业型城镇以农业为主，如种植农作物，养殖禽畜等，此类城镇可服务于周边区域的农业发展。

(3) 资源型城镇。

资源型城镇是指依托当地资源，通过对资源的开发、加工，向社会提供初加工产品的城镇，如海洋资源型城镇（主要依赖于海洋自然资源发展）、林业资源型城镇（依靠当地森林资源发展，主导产业围绕森林资源建立）、牧业资源型城镇（主要依赖于当地丰富的畜牧业资源，向社会提供原生态资源及相关产品）、矿产资源型城镇（以矿产资源为开发对象，进行相关生产及加工）等。

(4) 旅游型城镇。

旅游型城镇主要以旅游业为主，同时发展与旅游相关的住宿、餐饮等产业。

2. 按区域地理环境分类

城镇类型按区域地理环境分为平原型城镇、山地型城镇和滨水型城镇。

(1) 平原型城镇。

平原型城镇地势较平坦，或起伏较小。此类城镇主要集中在我国东北平原、华北平原、长江中下游平原。

(2) 山地型城镇。

山地型城镇地理环境主要以山岭和山谷为主，地势具有明显的起伏和坡度。山地型城镇依据环境特点，可分为地势起伏不平的坡地型城镇（如贵阳）和地势相对平坦的城镇（如昆明）。

(3) 滨水型城镇。

滨水型城镇建设和发展围绕当地滨水地理环境，在城镇布局、产业发展、城镇景观设计等方面均有所体现。

1.1.3　城镇的特点

城镇应具有下列特点。

①具有完整的规划系统，基础设施建设齐全。

城镇发展应经过完整、全面的规划，基础设施配套较全，且应具备就业功能，并注重教育、医疗等配套建设，使居民可以长期居住，实现宜居城镇环境。

②充分体现当地区域特色。

城镇发展应结合所处区域特色，规划设计时应考虑当地自然环境特色、人文历史特色、区域特色、国家政策等，创造宜人的城镇环境。

③产业发展应平衡,布局应合理。

城镇产业结构构成应尽量平衡,通过不同产业互补达到布局合理、产业发展平衡。

1.1.4 城镇体系

城镇体系的内容包括其概念、规模结构、空间结构和职能结构。

(1) 城镇体系的概念。

城镇体系是指一定区域范围内在经济社会和空间发展上具有有机联系的城镇群体。随着地区的不断发展,城镇间的联系在发生变化,不同学科对城镇体系的诠释也不一样。

(2) 城镇体系规模结构。

城镇体系规模可通过不同指标(如城镇人口规模、城镇用地规模、城镇经济规模等)反映。其规模结构是指区域内不同规模的城镇等级结构。

城镇体系规模结构类型有三种。其一是集中型(首位式),该类型城镇体系的首位城市规模大,垄断性较强,中小城镇发展滞后,城镇间规模差距较大。其二是分散型,各城镇规模和等级差异较小。其三是协调型,城镇规模呈规律性变化,城镇数量逐渐增加,形成比较均匀的金字塔层级结构。

(3) 城镇体系空间结构。

城镇体系空间结构是城镇空间布局特征的反映。城镇分布密度、城镇间联结形式、总体形态特征均可反映一个城镇的空间结构。

(4) 城镇体系职能结构。

城镇体系职能结构是指某一区域内各城镇所发挥的作用及承担的职能。不同城镇在区域内承担不同的社会职能,且相互作用、相互联系,共同构成城镇体系的职能结构。城镇职能是城镇经济、社会、文化等因素的集合。城镇职能分为一般职能和特殊职能。一般职能是指各个城镇发展所必需的生产、生活性活动;特殊职能是在特殊优势资源上形成的职能。

城镇体系中各城镇间的关系及特点随着社会的发展发生阶段性的变动,处于不断发展演化之中;城镇体系的规模结构、空间结构、职能结构也将因城镇的发展、社会的进步、国家的发展而发生变化。

1.1.5 城镇的构成

城镇的构成可按功能进行分类,一般可分为工业区、居住区、商业区、行政区、文化区、旅游区和绿化区等。这些区域之间功能互补、合理布局,促使整个城镇平衡发展。

城镇的性质、规模不同,构成也不同。一般来说,每个城镇都有自己的规划,并根据市场需求和区域发展不断调整构成类型。工业区域是城镇发展的动力;居住区域是城镇居民居住生活的地方;商业区域是城镇商业贸易、商品交易流通的区域。这些区域并不是截然分开的,往往相互联系,相互交叉,甚至在布局上混杂在一起。

1.2　宜居式规划的内涵

自 1996 年联合国第二次人居大会上提出“城市应当是适宜居住的人类居住地”这一理念后,“宜居”变成了新的城市观。国内外学者从各个角度对“宜居”进行了不同的解读;综合来看,“宜居”有广义与狭义之分。

从广义上看,“宜居”是指一个区域在自然环境、社会环境、经济环境、人文环境方面相互协调,稳步发展,且能实现居住者在物质和精神上的追求;在满足基本适宜居住这一条件基础之上,还应满足就业、交通、教育、医疗、精神文化需求等内容。

从狭义上看,“宜居”是指适宜居住,有适宜居住的房屋和适宜居住的环境。首先,“宜居”应该具备基本的适宜居住的房屋。这一居住条件应满足:适宜的居住面积、合理的结构布局、良好的居住环境(具有较好的采光、通风、卫生设施等)等。其次,规划设计应合理:有完善基础设施、便捷的交通体系、便利的生活条件、良好的自然环境、合理的住区规模、和谐的社区环境。

总体来说,“宜居”应该满足自然、经济、社会、人文和谐发展,给人类提供各阶层适宜的居住、从业、生活条件。

宜居式规划包含安全性规划、环境健康规划和可持续发展规划等内容。

1.2.1　安全性规划

安全应作为宜居园林式城镇设计首先考虑的问题。正确、合理地规划城镇安全系统,为居民提供安全的生活、工作、学习环境,是宜居的基础。

宜居园林式城镇安全性规划应从以下几方面着手。

1. 居住区安全规划

居住区的安全是城镇安全的基础,合理规划居住区以满足安全要求是居民生活安全的保障。第一,供居民居住的建筑物及居住区内的构筑物应该满足结构安全、消防等要求。第二,住宅区空间结构布局应考虑公共空间、私密空间、半私密空间、半公共空间之间的界限,布局应合理。第三,创建安全的居住区室外环境,提供相适应、相匹配的室外活动场所(应有相匹配面积、形状、尺度、位置的活动场所及设施等)。第四,进行多层级的住区内道路规划,在满足基本交通联系的基础上,保证安全。第五,建筑群体空间规划时应考虑安全要素。

2. 交通安全规划

宜居园林式城镇交通安全规划应考虑以下因素。

(1) 科学规划城镇交通系统,形成交通便捷、高效、安全的城镇交通体系。

(2) 在交通体系规划时,主干道、次干道和支路的比例设计适中,三者间层次相互衔接。

(3) 完善原有道路主干线，扩宽相对狭窄的主要道路，建立街区内与外部相通的防灾避灾道路系统，确保灾害发生时用于疏散、救援行动的交通道路的畅通。

(4) 将交通支线与城镇内主干线紧密联系，形成生命安全及财产安全通道。

(5) 路网节点设计应考虑交通安全，依据实际情况进行设计。

3. 消防安全规划

宜居园林式城镇规划应有统一的消防总体规划，建立安全、可靠的消防系统。规划内容如下。

(1) 城镇结构布局、功能布局应满足城镇消防安全要求。

(2) 所设计的消防给水管网应相互连通，可尽量利用自然的消防水源，保障火灾时消防给水的顺畅；依据城镇面积建立相应数量的消防站；完善城镇消防设施。

(3) 城镇工业区与居住区规划时，应考虑两者之间的安全距离，满足防火要求。

(4) 居住区建筑物之间可采用绿地、道路等形成防火分隔地带，达到防火要求。

(5) 居住区内道路设计应满足防火要求。

4. 防灾减灾系统规划

灾害会造成人员伤亡及财产损失，因此必须将防灾减灾规划纳入宜居园林式城镇规划体系中。城镇应制定防灾减灾总体规划。在总体规划之下，对城镇用地进行科学安排，充分考虑当地灾害类型，规划合理的避灾线路及避灾场所；对于新建城镇，规划城镇布局及形态时应与防灾减灾内容相结合；发挥居住区的防灾减灾功能：居住区设计规划时应考虑防灾减灾空间体系设计，降低灾害损失；基础设施的设置应尽可能与防灾减灾内容相结合；城镇内建(构)筑物、工程设施设计、施工时应符合国家规定防灾设防要求。

1.2.2 环境健康规划

宜居园林式城镇规划中最重要的一点就是给居民提供一个健康、生态环境良好、稳定的居住环境。居住环境既包括自然生态环境，也包括社会环境，两者应同时纳入宜居式规划。规划时应遵循“以人为本、人人参与”的原则，从当地居民的行为方式和习惯出发，建设满足居民物质需求和精神需求的健康环境。

环境健康规划包含自然环境规划和社会环境规划。

1. 自然环境规划

制定自然环境规划时，首先，应因地制宜，尊重当地自然环境，充分考虑周边环境，将“宜居”理念与当地地理条件、自然景观、植物材料、建筑特色、传统生活方式相结合，以不同方式表现环境与宜居的结合。其次，在规划工业区域时，应合理规划用地，避免对居住区造成环境污染。最后，提高城镇绿化率，创建与当地自然环境协调的景观和小品，为居民创建舒适、健康的居住环境。

2. 社会环境规划

社会环境规划包括该城镇的基础设施、居住条件、空间形态结构、交通条件等的规划,应考虑以下内容。

(1) 科学规划各类建筑用地,如居住建筑用地、公共建筑用地、生产建筑用地、对外交通用地、道路广场用地、公用工程设施用地和绿化用地等。

(2) 合理规划城镇区域,形成区域功能完善、环境健康的合理布局。

(3) 完善基础设施建设,设置相匹配的交通道路系统、公共基础设施和公共活动空间等。

(4) 提供舒适的居住条件,包括合理的居住面积、完善的居住功能和可靠的住宅质量等。

(5) 有相匹配的公共服务设施,如教育、医疗保障等。

1.2.3 可持续发展规划

规划人员应提前熟悉当地的生态因素和经济因素等,综合考虑各方面因素,力求平衡各方利益、长期与近期规划、产业结构与空间结构发展、节能减排与经济增长因素间关系。

建设宜居园林式城镇需要经济支持,在规划时应依据当地经济发展水平、财政水平制定相应的规划方案。综合考虑当地居民的实际能力和承受能力,充分利用原有自然资源及社会资源(如自然地理优势、基础设施等),节约资金和资源,规划内容应便于实施,且符合技术支撑能力。

不同城镇的自然环境、经济水平、历史文化、人口特征等都不同,规划时应进行差异化设计,因地制宜。若规划设计时无法满足宜居性多项指标,可灵活对“宜居”进行总体性的、分阶段性的规划设计。在“以人为本”的前提下满足某一项条件也是可行的。如某城镇经济水平较低,若规划设计、城镇管理满足安全性规划,也是宜居的体现。

1.3 园林式规划的内涵

1.3.1 园林式理念

园林是指“在一定地域内运用植物配置、营造小品与建筑、布置或规则或不规则园路、设置景观水景等途径人工创造而成的宛自天开的自然环境和游憩境域”。“园”是由以建筑物为主的建筑和与之相配套的景观基础设施;“林”是指为改善生态环境、美化生活环境及工作环境而创建的城镇绿地系统。合理的园林设计规划,可提高城镇规划布局质量,保护风景名胜和历史文化遗产,保护生态,从而提高人类生存环境质量和社会经济效益。

1.3.2 宜居与园林的关系

宜居园林应始终将“宜居”与“园林”相联系,贯穿于整个城镇建设、发展中。宜居与园林之间的关系主要体现在两方面。第一，“宜居”是给居民提供舒适、怡人的人居环境，而合理的园林规划建设可以营造这样的环境。第二，通过园林建设可以丰富城镇人居环境，提高居民生活质量，满足人们的精神文明需求，保护自然生态，起到安全隔离灾害等作用。

1.3.3 园林式规划设计

制定园林式规划设计应注意以下方面。

1. 依据城镇环境，制定园林建设总体方案

各个地区的自然地貌、人文历史、植被等都不相同，在进行园林建设方案时应因地制宜，利用当地的自然环境条件，规划适合当地的、操作性较强的规划设计方案。充分考虑气候特征、地形地貌特征、地理位置特征、水资源、森林资源等因素，借用自然资源进行合理选址、功能布局、规模设定和空间构成，且综合分析以上因素与人、经济、自然之间的关系，制定合理的、科学的园林设计方案。

2. 合理利用自然环境条件，有效规避不利因素

合理利用、不断强化对园林建设有利的自然条件，建设舒适怡人、特征明显的园林景观。例如，南方可利用气候条件设计适应高湿条件的植被景观；北方利用太阳的辐射合理布置合适的建(构)筑物、活动场所、绿地、公园和道路空间。

有效规避不利因素，尽量通过规划布局、形态设计、材料选择等手段避免不利因素的影响，或通过现代科技技术、新材料等手段来降低不利因素的影响或消除不利影响。

3. 建设优质绿地系统

首先，绿地系统是宜居式园林城镇布局的重要组成部分，也可起到安全隔离作用。从该城镇整体出发，结合该地区自然资源，如山水资源、历史遗迹等，合理安排绿地系统，依据当地地貌选择相应的绿化风格，建设富有地域特色的园林环境。

其次，绿地系统选择、规划时应结合城镇安全要求，与城镇防灾减灾系统结合起来，绿地可在灾害发生时为居民阻隔灾害，提供避灾场所，有效减少污染。

4. 建设具有当地特色景观

园林建设过程中，可通过增设人工环境来营造优美、舒适的人居环境。可结合当地人文历史、自然资源及地域特色确定人工景观的主体、布局形式、材料、植物配置形式，创建与当地自然、人文环境相适宜的、和谐的人造景观。同时，应考虑使用人群的安全，特别是特殊群体，如老人、儿童和残疾人等。

5. 以整个城镇作为绿化载体，注重生态平衡

将城镇规划与园林规划融为一体，注重整个城镇的生态平衡。将传统园林技术与现代园林技术相结合，考虑城镇的发展需要和居民生态环境的需要，实现整个城镇园林建设。

6. 坚持科学发展观

首先，应遵守“以人为本”的原则，在制定宜居园林式城镇规划时要考虑人的因素，不仅考虑当代人，还需考虑后代子孙，充分听取当地各界人士的诉求。其次，结合当地自身资源和环境条件，科学制定宜居园林式城镇的建设规模、基础设施规划、文化建设规模、园林景观规划及产业规划等。

7. 坚持生态可持续发展

宜居园林式城镇规划应将“尊重自然、保护自然”的理念融入城镇规划和城镇建设中，突出生态、可持续的宜居园林式城镇建设。综合考虑城镇土地资源、水资源、能源等条件，着眼于当地长远发展进行生态资源的空间布局，使得当地的社会环境得以持续。生态可持续发展规划包括以下方面。

(1) 坚持水资源保护规划。

宜居园林式城镇规划设计应坚持生态可持续理念，制定长远的、科学的水资源保护方案。

(2) 坚持生物与自然保护规划。

宜居园林式城镇规划，应考虑当地生物的多样性及自然生态区，坚持保护城镇内及周边生物及自然资源，保留原始的大面积自然生物区域，保护生态敏感地带。

(3) 坚持绿色建(构)筑物规划。

依据当地自然生态环境，运将生态节能设计理念用于建(构)筑物设计中。建(构)筑物设计规划过程中，运用建筑技术原理和手段，协调建筑与自然之间的关系，充分利用当地自然资源。

(4) 坚持绿色能源利用规划。

结合当地资源、能源情况，构建清洁的、可持续的能源供应系统，注重可再生能源的发展。利用能源系统的工程规划时，如交通、建筑、供电、供热、燃气等工程规划，应贯穿节能的概念。

(5) 坚持环境污染防治规划。

对宜居园林式城镇生态环境进行总体评估，包括大气环境、水资源环境、噪声污染环境、固体废弃物污染环境、土壤污染环境等，规划与环境污染防治相结合。

8. 坚持经济、社会、环境的可持续发展

宜居园林式城镇的可持续发展要求自然、经济、社会三要素互相协调统一。宜居园林式城镇建设要以整个生态系统的可持续发展为前提，尽可能在不破坏自然环境的情况下，采用绿色建筑技术，减少污染。通过合理规划，转变经济增长方式，采用清洁生产、合理配置产业结构、城镇资源，实现当地经济可持续发展。社会可持续发展要以自然环境可持续发展为基础，城镇的发展和建设应将保护自然环境、合理开发当地资源为前提；通过改善人居环境、人居条件、健全社会保障基础设施建设等手段实现社会可持续发展。

9. 坚持传统历史文化的可持续发展

历史文化是一座城镇特殊的符号，城镇的可持续发展可通过保护、更新当地历史文化得以实现。在宜居园林式城镇规划过程中，要注重保护当地历史文化遗址，尊重当地特殊的文化传统、习俗。由于历史文化遗产的不可再生性，宜居园林式城镇建设应尽量采取保护的手段，更新改造要适度；对于传统建筑、传统街巷等规划，要考虑物质文化遗产和非物质文化遗产的重要性，结合实际情况用合适的方法进行更新发展，满足居民生活需求。宜居园林式城镇规划建设应用发展的眼光，充分考虑当地历史文化背景及发展方向，综合考虑整体规划。

1.3.4 宜居园林保护

宜居园林保护是实践科学发展观和生态文明城镇建设的要求。宜居园林保护应注意以下方面。

(1) 具有一定历史的园林遗产，应不断地保养与维护。日常生活中，应在确保园林遗产安全的前提下，适当地对园林当中的植物采取防御性保护，实施的更新措施应避免造成新的损失。

(2) 宜居园林保护应注重传统文化的延续与传承，注重保护与园林遗产相关的文化。

(3) 当地政府应统一领导，各层级的部门以及相关专业机构共同协作，形成高效的管理机构，对园林进行统一管理，并加强园林的日常保养与维护。

(4) 提倡全民参与保护园林的意识；完善政府、事业单位、社区各阶层的协作，实现对园林的全方位保护。

1.4 文化传承规划内涵

宜居园林式城镇规划应当将传承地域文化作为精神内核，既要创新，也应注重保留历史文化元素和文化传承，使地域性文化得以保护、持续，既能满足居民基本文化需求，又能体现城镇特色。文化传承规划主要包括以下内容。

1.4.1 建筑文化传承

城镇建筑体现了城镇发展的文化、经济等，是城镇文化的缩影。因此在规划宜居园林式城镇时，应将文化因素浓缩于建筑设计中，通过建筑风格、建筑材料、建筑色彩、空间布局等展示该城镇文化特色，并结合具体的地域条件，进行创新设计。

制定宜居园林式城镇总体规划时，应注意以下几点：应结合当地建筑历史文化、民族文化理念；整个城镇建筑风貌应体现当地建筑符号、建筑文化的传承；加强对既有建筑单体文化保护。城镇空间架构可结合当地特有建筑材料充分体现当地建筑文化及民族风格，如岭南建筑(图 1.1)。

1.4.2 历史文化传承

历史文化资源，如历史建筑、历史遗迹等，是传承历史的纽带，不能因城镇化而中

图1.1 岭南建筑

断。在宜居园林式城镇规划及建设中，必须将当地历史文化资源纳入规划与建设中。一方面，对历史建筑、历史遗迹依据可靠的历史文献进行修缮和日常维护；另一方面可适当对其进行更新改造，以适应新时代需求，避免衰败。同时应避免破坏历史文化资源的周边环境，适当保护周边环境；城镇新区域规划建设时，应对当地历史文化资源有一定传承，从而更好地延续当地历史和文化，如柳州小南路老建筑(图1.2)。

图1.2 柳州小南路老建筑

1.4.3 民俗风情传承

各地在长期发展中形成了自己独有的民俗风情，并且延续至今。因此，宜居园林式城镇规划和建设应考虑建设一定规模的民族文化生态区，创建开发富有民俗风情的景观、广场、民俗风情馆，将当地民俗风情传承下去，如图1.3所示。

图1.3 民族风情景观

1.4.4 宜居园林传承

现代宜居式城镇在规划园林设计时，应着重考虑“自然生态”的理念，在借鉴国内外现代景观设计理念的同时，更应该强调绿化景观与当地民俗风情、历史文化、生态环境、城镇景观的整体融合。以自然、生态理念为主导，在园林设计时可模仿自然群落的植物配置模式，通过园林绿化实现生态可持续发展。

随着城镇的发展和规划设计理念的更新，宜居园林式城镇规划设计应吸取我国古典园林文化的精髓，在“宜居”与“园林”理念下探索出适宜该城镇文化、经济、社会、生态发展的规划设计。

1.5 城镇规划设计内涵

1.5.1 设计原则

宜居园林式城镇规划设计应因地制宜，从整个城镇建设全局考虑，进行全面规划，以期逐步提高居民生产、生活条件，创造更多就业机会。

1. 城镇规划的指导思想

城镇规划的指导思想有以下特点。

(1) 综合性。城镇规划就是把涉及城镇建设和发展的各要素有机地组织起来，进行统一协调、统一安排、统一发展，具有较强的综合性。城镇规划内容复杂、涉及面广，涉及建筑、城镇规划、风景园林、工程技术等学科，需要综合考虑当地水文地质条件、自然地貌、气候、经济发展、人文历史等因素。

(2) 政策性。城镇规划要响应国家、地方政策，规划内容、项目应符合国家、地方发展战略、思路。在确定城镇规划具体内容时，要考虑当地经济发展水平、城乡关系等问题；处理好国家、集体、个人之间的关系，尽量调动广大群众的积极性，为当地规划建设出力、出智。

(3) 地方性。制定城镇规划设计时，应尽量体现地方性。结合当地风俗人情、历史文化、自然资源、生产力发展水平等，充分发挥当地在国家、地方建设发展中的作用。

(4) 长期性。制定城镇规划设计时，应具有动态、长远的眼光。社会在进步，技术在发展，人民的思想观念在发生变化，因此城镇规划设计既要考虑当前问题，还需考虑城镇今后发展问题，同时城镇规划设计应随着城镇的发展做出相应调整，不断完善。

2. 城镇规划的基本原则

(1) 城镇规划应促进城镇经济发展，使城镇建设更加协调；

(2) 城镇用地规划应秉承节约、合理用地的理念；

(3) 城镇规划应制定适用于本地区发展的建设标准；

(4) 城镇规划既要解决近期问题，又要考虑长远发展；

(5) 城镇规划要以生态可持续发展为前提，在不破坏自然环境的前提下创造良好的生态环境；

(6) 城镇规划应因地制宜，突出当地历史文化、地方风情等特色。

1.5.2 设计内容

1. 城镇规划的任务

城镇规划工作的任务包括以下内容：按照国家、地方政策，结合当地实际现状规划城镇体系；确定城镇性质、规模；制定城镇发展目标；部署城镇各项建设；协调城镇发展过程中各种矛盾；保证城镇健康、持续、协调发展。

2. 城镇规划的工作内容

(1) 搜集、查阅、研究与城镇规划设计相关资料；

(2) 合理确定城镇规模、性质、发展指标；

(3) 合理布局城镇各类建设用地；

(4) 拟定城镇配套基础设施建设方案;

(5) 拟定城镇生态可持续发展方案;

(6) 拟定城镇防灾减灾系统建设方案;

(7) 制定城镇近期、长期发展战略;

(8) 拟定城镇绿地系统、人文景观建设方案。

制定城镇规划设计时,应考虑自身城镇发展现状,结合自身特点,确定适合自己发展的规划设计内容。

3. 规划期限

规划期限依据规划层次、规划范畴不同而不同。高层次、范围广的规划期限可长一些,具体的、范围小的规划期限可短些。建议县市域范围规划 20 年,乡镇域范围规划 10~20 年,镇区和村庄规划 10 年,近期年限 3~5 年。

4. 城镇规划工作的层次

参照城市、村镇规划工作,城镇规划工作可分为四个层次:①县(市)域城镇体系规划;②镇(乡)域村镇体系规划;③城镇镇区规划;④镇区中局部地段或村庄的详细规划。不同城镇的规划工作内容包含不同层次的工作。

1.5.3 设计步骤

城镇规划设计步骤如图 1.4 所示。

1.5.4 设计成果

1. 成果的表达

城镇规划设计成果由图纸、文字构成。具体应绘制哪些图纸,达到什么样的量化程度,目前尚无统一规定。因为城镇的形成、发展与特色均不同,发展的侧重点自然也不同,所以可根据城镇的具体情况确定,以准确反映出规划意图、说明问题为原则。但一些最基本的图纸和文字说明是必需的,在此基础上,图纸文件及其内容可以有所增减。文字资料部分应清楚表达图纸无法表现的内容,应有相应的规划说明书,准确说明该城镇规划依据、规划意图、相应定量分析的内容等,以及在实施中的注意事项。

2. 县域城镇体系规划的成果

规划成果包括规划文件和规划图纸。

(1) 规划文件。

规划文件包括规划文本、规划说明书及基础资料。

(2) 规划图纸。

规划图纸主要包括以下内容。

①区位分析图。它表明与周围县、市的关系,以及处于上层次城镇体系中的位置、与社会大环境的主要联系等。比例根据实际需要确定。

②工业、农业及主要资源分布图。它表明在县域内工业项目、农业生产项目的位

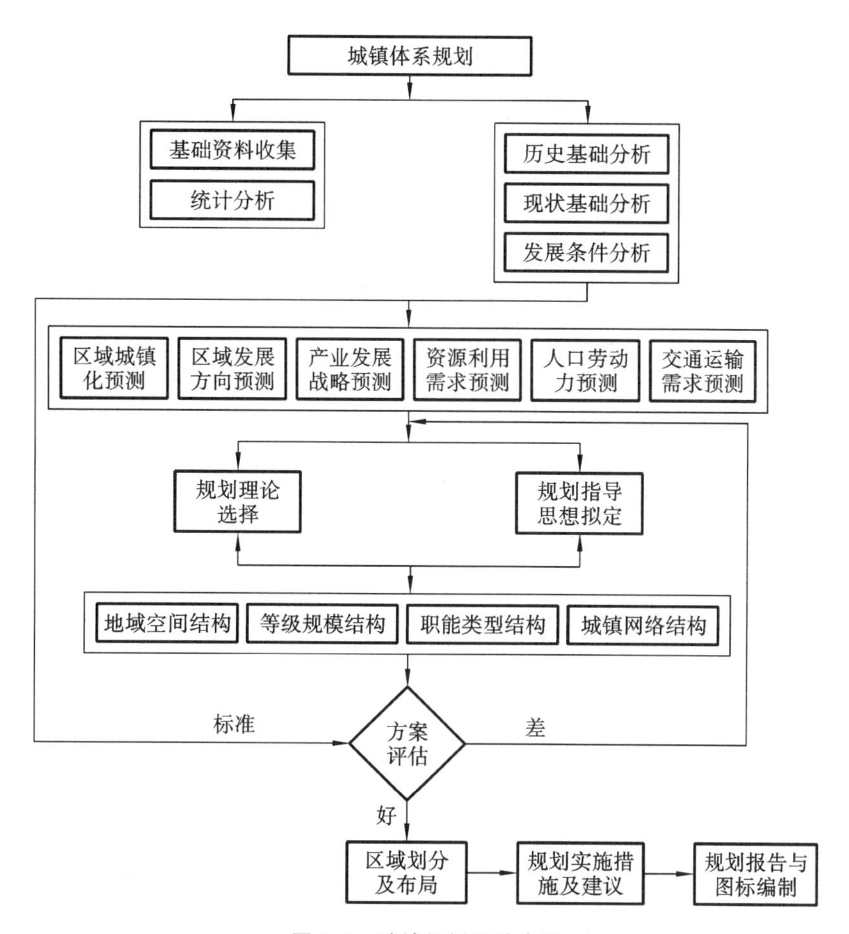

图1.4　城镇规划设计步骤

置，主要资源的分布情况，如矿产资源、地质、土地、风景名胜等。

③县域城镇现状图。表明城镇布局、人口分布、交通网络、土地利用、主要的基础设施、环境、灾害分布等。比例尺一般为(1∶100 000)～(1∶300 000)。

④经济发展区划图。表明农、林、牧、副、渔、乡镇企业布局、旅游线路布局等内容，比例尺为(1∶100 000)～(1∶300 000)。

⑤县域城镇体系规划图。表明城镇体系、城镇规模和分布、基础设施、社会福利设施、文化教育、服务设施体系、土地利用调整、环境治理与防灾、绿化系统等(比例尺为(1∶100 000)～(1∶300 000))。

3. 镇(乡)域村镇体系规划的成果

规划成果包括规划文件和规划图纸。

(1) 规划文件。

规划文件主要由规划文本、基础资料、规划说明书组成。规划说明书应包括镇(乡)域概况、指导思想、规划原则、依据、规划目标、产业结构、生态治理规划、环境保护规划等。

(2) 规划图纸。

规划图纸主要包括以下内容。

①区位分析图。其内容涵盖镇(乡)域村镇所在位置、范围,交通联系情况,镇(乡)域村镇内自然地貌(河流、湖泊、山脉等)。

②镇(乡)域村镇现状图。其内容涵盖镇(乡)集体位置;占地规模;镇(乡)内公路、产业结构、企业数量、自然环境、资源等。比例尺一般为1∶10 000,可根据规模大小在(1∶5000)～(1∶25 000)之间选择。

③镇(乡)域村镇体系规划图。其内容应涵盖规划期结束时该镇(乡)域村镇体系所达到的村镇规模,村镇功能,村镇分布,村镇对外交通体系,基础设施的配置,村镇防灾减灾系统,工业等相关产业占地情况、所在位置等。比例尺与现状图相同。

4. 镇区建设规划的成果

规划成果包括规划文件和规划图纸。

(1) 规划文件。

规划文件包含内容同镇(乡)域村镇体系规划。其中规划说明书应详细说明该镇区规划依据、规划意图、规划目标、规划规模、规划布局、镇区发展性质、发展思路、拟投资额等。

(2) 规划图纸。

规划图纸主要包括以下内容。

①镇区现状图。在标有地形、地貌、地物的地形测量图上表明镇区各类用地的规模、用地性质,各类不同性质建(构)筑物分布情况,镇区交通系统布置现状、基础设施配置状况;以及其他对规划有影响的主要因素。比例尺一般在(1∶1000)～(1∶5000)之间。

②镇区建设规划图。主要标明规划用地范围内的用地功能划分,各类建筑布局以及规划区内道路、绿化、人防、市政、公用设施的安排情况。比例尺一般在(1∶1000)～(1∶15 000)之间。

③道路交通及竖向规划图。表明镇区内道路交通设置现状、道路等级、道路详细设计的转弯半径、道路标高、道路断面形式等。比例尺一般在(1∶100)～(1∶500)之间。

④工程设施规划图。表明镇区内给排水、电力、电信规划及供热、煤气、防洪规划。给排水规划图应包括给排水的管线走向、管线长度、管径、出水口位置、污水处理设施的位置等。电力规划图应标明电力线路走向,电压、变压器位置和容量,高压线保护走廊及其他配电设施。电信规划图应标明电信线路走向、邮电局(所)位置。供热、煤气规划图应标明管网布置、管径、坡度、供热锅炉房的位置及规模、煤气站(厂)的位置等。防洪设施规划图应标明防洪工程设施布置、排洪河沟断面尺寸。以上工程设施规划图可根据需要,将两项或多项工程规划合并在一张规划图上,以表达清楚为原则。比例尺一般在(1∶1000)～(1∶5000)之间。

⑤近期建设规划图。在近期测量的地形图上绘制。其内容应包括近期规划路网、近期建设居住和公共建筑的平面位置、保留建筑和近期改建建筑。近期建设规划图上应列出近期建设及拆迁项目表，提出工程量和费用估算。

5. 镇区详细规划的成果

当建制镇人口规模在2万人以上时，根据实际需要而增加镇区详细规划。镇区详细规划可针对镇区内某新区建设或老旧城区更新改造进行规划，也可针对主干道两侧沿街地段、商业中心、工业区、风景旅游区、名胜古迹及文物保护区等进行规划。

（1）规划文件。

规划文件应详细说明规划思路、规划重点、规划采用的技术手段和经济指标、规划实施方案等。

（2）规划图纸。

规划图纸主要包括以下内容。

①规划区位置图。包含规划区规模大小、规划区占地范围和规划区与周边区域关系等。比例尺一般为1∶5000或1∶10 000。

②规划区现状图。表明规划区内水文地质条件、自然地貌、交通体系、绿地系统，各类现状建筑用地范围、建筑物现状等。比例尺一般取1∶500或1∶1000。

③规划总平面图。表明规划区内各建设用地分类、交通体系、绿地系统建设、拟建建筑和既有建筑位置关系等。此图应在标有现状的地形图上画，地形比较复杂的地段或旧区改建规划应在地形图上作规划图，并且图上标明每栋建筑的性质、层数等。比例尺与现状图相同。

④道路交通规划图。表明规划区内交通系统设置情况，包括道路级别，道路宽度，道路纵向坡度，路口缘石半径、道路中心线交点平面坐标，机动车道、非机动车道、人行道设置状况等。比例尺一般取1∶500或1∶1000。

⑤竖向规划图。在地形图上标明规划区内不同道路、不同地面的标高，规划区内排水方向、排水设置标高等。比例尺一般取1∶500或1∶1000。

⑥工程管线综合图。此图必须以规划总平面图为依据，标明各类工程管线的平面位置，给排水等工程管线则要标明管径尺寸，电力要标明电压级别等。老旧城区更新改造时，新设计的工程管线与既有管线应区别标志。对于规模小、管线简单，可按给水、排水、防洪煤气、热力、电力、电信等相关信息适当综合出图，比例尺一般为1∶500或1∶1000。

上述所列图纸是镇区中旧区改建或新区开发详细规划必须完成的图纸，还可根据项目的需要和建设单位的要求增加如下内容。

①规划分析图、分析表等，其内容、深度依据情况自定。

②建筑群体和空间效果图，街景立面图、鸟瞰图等，比例尺不限。

③空间设计包括建筑空间、道路空间、绿化空间、照明空间、水体空间、文化及地方特色空间等。

6. 村庄规划的成果

村庄规划的成果包括规划文件和规划图纸。

(1) 规划文件。

规划文件说明村庄的自然地貌、历史文化、产业发展、发展现状、规划依据、规划目标、规划内容等。

(2) 规划图纸。

规划图纸主要包括以下内容。

①村庄现状图。表明村庄地理位置、占地面积、村庄规模、村庄对外道路交通、村庄内建(构)筑物现状等。比例尺一般为1∶1000或1∶2000。

②村庄规划图。通过在地形测量图上标明村庄拟规划的各种建设用地规模、位置及各类建筑设项目所在位置、规模、性质等。比例尺与村庄现状图相同。

③住宅院落规划图。表明村庄内住宅建筑方案设计形式,住宅院落间联系、组合方式等。比例尺为1∶200。

以上是村庄建设规划的基本图纸。规划图纸还可适当增加村庄内绿化、环卫、沼气、基础设计、工程管线等规划图。对于规模较大的或比较重要的村庄,必要时也可参照镇区规划的深度要求,做适当的简化。最后需要说明的是,规划图纸的数量不是固定的,要根据城镇的规模、性质和特点,结合当地的具体条件,规划图纸和内容可以有所增减,也可以绘制分图纸或合并图纸。

1.5.5 设计价值

新型城镇化背景下,应以科学发展观指导城镇发展规划,对宜居园林式城镇规划设计价值可从以下几方面衡量。

(1) 遵循可持续发展的理念。

计划经济体制下,城镇规划注重的是任务的分配与执行。市场经济体制下,新型城镇规划建设更注重资源的有效配置和利用。在《国务院关于加强国民经济和社会发展规划编制工作的若干意见》(以下简称《意见》)指导下,县级以上政府都作出了反应,编制了五年发展规划。尽管《意见》并没有要求乡镇政府编制五年规划,但许多经济发达地区的城镇积极主动地编制了城镇经济社会发展规划。因为这些城镇需要通过制定发展规划来把握其发展方向、明确其发展目标。在制定城镇发展规划时应以可持续发展理念作为指导,可从以下两个方面进行规划。

其一,城镇制定发展规划方案时,应同时考虑常住人口及外来流动人口在生产、生活中的双重需求;充分考虑外来人口居住、子女入学、就医等问题,尤其是文化程度较低、收入较低的农民工群体。

其二,城镇发展规划应考虑城镇近期发展和远期发展,提高城镇承载力。表1.3中数据表明了我国城镇的发展,随着城镇人口数量的增加、人口密度的增大、居民需求的改变,城镇规划时应充分考虑城镇未来的发展,实现城镇的可持续发展。

表1.3　我国城镇化变化数据

年　份	城镇化率	城镇人口/亿
2007	44.9%	5.94
2018	59.58%	8.13

（2）遵循“以人为本”的原则。

新型城镇化背景下，城镇规划应遵循“以人为本”原则，使经济、社会均衡发展。因此，城镇发展规划要倾听“利益攸关方”的声音，强化居民的参与、企业的参与、政府部门的参与。

首先，城镇规划的目的是使居民更好地栖居、生产、生活，因此城镇规划应当充分考虑广大群众的需求；尽量让群众参与其中，为城镇的发展、规划出谋划策。尤其是对于处于农村范围的城镇，在制定发展规划时，应考虑城镇化后当地居民生活来源、生活方式、就业、基础设施配套等多方面问题，从群众角度出发，制定出既可实现城镇化发展，又可提高居民生产、生活质量的方案，提高当地居民满意度。

其次，城镇发展规划要合理规划城镇产业结构。产业的发展离不开企业，因此政府在制定城镇发展规划时也需考虑各个企业的需求，通过走访、调研、座谈、听证会等形式多方面搜集城镇产业发展存在的问题及亟待解决的问题，为城镇制定科学的产业发展方向，促进城镇可持续发展。如，山西省孝义市梧桐镇的企业在寻求投资环境过程中，提出联合多家企业筹资修正道路交通，改善当地运输路况。

城镇发展规划应是政府多部门、社会各阶层集体智慧的成果，应由政府、社会各群体、各组织共同推动城镇建设、发展。因此，政府应调动各部门的积极性，给予一定的财政、政策支持；共同推进城镇发展、改革。同时考虑自身城镇在整个区域中的职能、作用，结合周边城镇经济发展水平、产业结构、自然资源、社会资源等，制定具体实施细则，促进整个区域的协调发展。

综上所述，一个城镇想要制定出科学、合理的规划方案，必须体现“以人为本”，且需要居民、企业、政府、社会其他组织机构广泛参与，通过权衡各方利益后为政府决策提供切实可行的规划方案。

（3）坚持改革创新的精神。

计划经济体制下的计划注重自上而下的统一，市场经济体制下的规划则注重自下而上的多样化。中国幅员辽阔，城镇的发展条件千差万别，城镇的发展既要从规划技术层面推动，也要从城镇内部体制、机制层面推动，通过改革创新推动城镇的发展。政府通过体制、机制改革、创新，可以优化资源配置、提高管理效率，从而增强城镇公共资源及财政支持。

城镇规划坚持改革创新的精神，才能依据社会各阶层不同需求，合理规划城镇功能分区，配备基础设施，保留当地特色文化、民族风情，建设既有创新又有人文情怀的园林、绿地系统，创造更多的就业环境，从而吸引更多的人移居到城镇。

第2章　宜居园林式城镇绿地系统规划

宜居园林式城镇绿地是城镇不可或缺的基础设施，也是城镇唯一有生命的基础设施，担负着维护城镇生态环境、提高人居生活质量、弘扬优秀传统文化、融合世界先进理念的重任，承担了生态环保、休闲游憩、景观营造、文化传承、科普教育、防灾避险等多种功能，是涉及文化、美学、植物、建筑、规划等的综合性、系统性的科学。

2.1　宜居园林式城镇绿地系统的基本内涵

宜居园林式城镇绿地系统是指城镇中由各种类型园林绿地所组成的生态系统，是用于改善城镇环境，抵御自然灾害，为居民提供生活、工作和休闲游憩的场所。宜居园林式城镇绿地系统由一定质与量的各类园林绿地相互联系而形成的有机整体，是城镇中不同类型、性质、规模、功能的各种绿地（包括城镇规划用地平衡表中直接反映和不直接反映的）共同组合构建而成的城镇绿色环境体系。

2.1.1　宜居园林式城镇绿地的功能

宜居园林式城镇绿地系统中最主要的元素为植物，植物可以有效改善城镇的声环境、空气环境和水环境等，有利于居民的身体健康，主要包括降温增湿、释放空气负离子、降噪、滞尘、美化、陶冶情操等功能。

1. 降温增湿功能

城镇地面的下垫面复杂多样，形成了“马赛克”式的下垫面结构，从而形成了不同的小气候类型。植物对于小气候的改善主要体现在环境温湿度的变化，具体表现为绿色植物主要通过遮阴与蒸腾作用有效降低空气温度，增加相对湿度。有关研究表明，城镇行道树具有较强的降温效果，在雅典最炎热的时候，树荫下的温度比道路温度降低了2.2℃。夏季北京万芳亭公园林下广场、无林广场和草坪的温湿度的定量研究表明，在一天的高温时段，林下广场的温度最低、相对湿度最高，平均降温1.9℃，平均增湿4.1%，是人们户外运动较佳选择。

2. 释放空气负离子功能

空气负离子具有较强的杀菌、降尘、净化空气等功能，因为空气负离子达到一定的浓度后有促进人体身体健康的功能，又被称为“空气维生素和生长素”。植物叶片的表面在短波紫外线的作用下，发生光电效应，使得空气中的电荷增加，可以增加空气负离子浓度。叶片呈针状的植物，由于曲率半径小，在大气电场所产生的电势差作用下使空气发生电离，也会增加空气负离子的浓度。

3. 降噪功能

在噪声污染日趋严重的今天，植物减弱噪声的功能已受到了国内外学者的广泛关注。研究表明，植物主要通过叶片和树枝吸收、反射和散射噪声，对高频和中频噪声的减弱作用尤其显著。科学试验表明，道路隔离带上的植物群落对噪声的减弱十分有效，汽车高音喇叭在穿过 40 m 宽的草坪、灌木、乔木组成的多层次林带，噪声可以消减 10～15 dB，比空旷地自然衰减量要多 4 dB 以上。

4. 滞尘功能

在空气污染日益严重的今天，颗粒物已成为目前国内外许多城镇首要的空气污染物。园林植物具有较强的净化空气粉尘污染的能力，繁密的树冠能够降低风速，从而使粉尘降落在植物表面，继而通过植物叶片的表面结构、润湿性、叶表面的绒毛和叶片分泌的油脂和汁液，对粉尘进行吸附，并且积满灰尘的叶片经过雨水冲刷之后，又重新恢复了滞尘能力。德国学者曾对汉堡无树的城区和公园中空气的含尘量进行测定，结果显示无树的城区含尘量为 850 mg/m^3，而公园则为 100 mg/m^3，可见植物滞尘能力十分显著。

5. 美化功能

自然界中的事物以色彩、光泽、比例、秩序等形式因素和自然属性等特征让人们产生愉悦的感受，植物能够通过干、枝、花、果、根独特的形态、色彩以及植物群落的空间、结构和季相色彩的变化，带给人们视觉美感，从而提高人们的心理满足感。植物景观所创造的美学体验，促进了人们心灵陶冶与社会伦理渗透二者的完美结合，提高人们对生活的满意度。

6. 陶冶情操功能

社会经济的快速发展带动了城镇化进程，人们物质生活水平逐渐提高，但是随之而来的焦虑症、抑郁症等心理疾病高发等问题也日益凸显。园林绿地作为城镇生态系统中的重要部分，其心理保健功能也逐渐被人们所认识。自然环境，特别是园林植物，通过自身的形态、色彩以及改善生态环境的功能，对人们的生理和情感产生积极的作用，从而能够有效地提高人体舒适度，帮助人们减轻压力，消除不良情绪。

2.1.2 绿地的类型

绿地系统，是由一定质与量的各类绿地相互联系、相互作用而形成的绿色有机整体，即由城市中不同类型、不同性质和规模的各种绿地共同组合构建而成的一个稳定持久的城市绿色环境体系。

不同城市的绿地系统构成有一些差异，但总的来说，组成城镇绿地系统的内容是基本一致的。例如，美国城市园林，大致由城市管辖范围内的自然保护区，历史文化遗址公园，郊野公园，市区公园，街头绿地，公共建筑绿地，大学校园，墓园以及私人林地、住宅庭园等组成。日本的城市绿地系统由公有绿地和私有绿地两部分组成，内容包括公园、运动场、广场、公墓、水体、山林农地、寺庙园地、公用设施园地、庭园、苗圃试验用地等绿地。

根据中华人民共和国行业标准《城市绿地分类标准》(CJJ/T 85—2017),城市绿地按主要功能进行分类,分为公园绿地、防护绿地、广场用地、附属绿地及区域绿地 5 大类。绿地分类与《城市用地分类与规划建设用地标准》(GB 50137—2011)相对应,进一步细分为大类、中类、小类三个层次。目前我国尚未制定针对城镇园林绿地统一的分类标准,此处参照和借鉴这一标准进行分类。

1. 公园绿地(G_1)(见表 2.1)

表 2.1 公园绿地分类表

类别代码			类别名称
大类	中类	小类	
G_1			公园绿地
	G_{11}		综合公园
	G_{12}		社区公园
	G_{13}		专类公园
		G_{131}	动物园
		G_{132}	植物园
		G_{133}	历史名园
		G_{134}	遗址公园
		G_{135}	游乐公园
		G_{139}	其他专类公园
	G_{14}		游园

公园绿地是城市中向公众开放的,以游憩为主要功能,有一定的游憩设施和服务设施,同时兼有健全生态、美化景观、科普教育、应急避险等综合作用的绿化用地。它是城市建设用地、城市绿地系统和城市绿色基础设施的重要组成部分,是表示城市整体环境水平和居民生活质量的一项重要指标。

相对于其他类型的绿地来说,为居民提供良好绿化环境的户外游憩场所是公园绿地的主要功能,“公园绿地”的名称直接体现的是这类绿地的功能。“公园绿地”不是“公园”和“绿地”的叠加,也不是公园和其他类型绿地的并列,而是对具有公园作用的所有绿地的统称,即公园性质的绿地。

针对不同类型的公园绿地提出不同的规划、设计、建设及管理要求,公园绿地可以进一步分类,按各种公园绿地的主要功能,将公园绿地分为综合公园、社区公园、专类公园、游园 4 个中类及 6 个小类。

2. 防护绿地(G_2)

防护绿地是为了满足城市对卫生、隔离、安全的要求而设置的,其功能是对自然灾害或城市公害起到一定的防护或减弱作用,因受安全性、健康性等因素的影响,防护绿地不宜兼作公园绿地使用。因所在位置和防护对象的不同,对防护绿地的宽度和种植方式的要求各异，目前较多省市的相关法规针对当地情况有相应的规定，可参照执行。

随着对城市环境质量关注度的提升，防护绿地的功能正在向功能复合化的方向转变，即城市中同一防护绿地可能需同时承担生态、卫生、隔离、安全等一种或多种功能。对防护绿地一般不再进行中类的强行划分，在实际运用中各城市可根据具体情况由专业人员进行分析判断，确有需要的，再对防护绿地的中类进行划分。

对一些在分类上容易混淆的绿地类型，如城市道路两侧绿地，在道路红线内的，应纳入附属绿地类别。在道路红线以外，具有防护功能、游人不宜进入的绿地纳入防护绿地。具有一定游憩功能、游人可进的绿地纳入公园绿地。

3. 广场用地(G_3)

广场用地是指以游憩、纪念、集会和避险等功能为主的城市公共活动场地，不包括以交通集散为主的广场用地。《城市用地分类与规划建设用地标准》因“满足市民日常公共活动需求的广场与公园绿地的功能相近”，将“广场用地”划归 G 类，命名为“绿地与广场用地”，并以强制性条文规定“规划人均绿地与广场用地面积不应小于 10.0 平方米/人，其中人均公园绿地面积不应小于 8.0 平方米/人”。《城市用地分类与规划建设用地标准》中的上述条文规定了人均公园绿地的规划指标要求，保证了公园绿地指标不会因广场用地的归入而降低，同时有利于将绿地与城市公共活动空间进一步结合。《城市绿地分类标准》(CJJ/T 85—2017)与之对接，增设广场用地大类。

《城市绿地分类标准》(CJJ/T 85—2017)提出广场用地的绿化占地比例宜大于 35%，这是根据全国 153 个城市的调查资料，并参考了 33 位专家的意见以及相关文献研究等制定的，园林城镇的广场用地绿化占地比例可参照执行。此外，基于对市民户外活动场所的环境质量水平的考量以及遮阴的要求，广场用地应具有较高的绿化覆盖率。

4. 附属绿地(XG)

附属绿地(XG)分类见表 2.2。

表 2.2　附属绿地分类

类别代码			类别名称
大类	中类	小类	
XG			附属绿地
	RG		居住用地附属绿地
	AG		公共管理与公共服务设施用地附属绿地
	BG		商业服务业设施用地附属绿地
	MG		工业用地附属绿地
	WG		物流仓储用地附属绿地
	SG		道路与交通设施用地附属绿地
	UG		公共设施用地附属绿地

附属绿地是指附属于各类城市建设用地(除绿地与广场用地)的绿化用地。附属绿地中类的划定与命名与城市建设用地的分类相对应。附属绿地的大类代码是XG,X表示包含多种不同的城市用地。《城市用地分类与规划建设用地标准》对原有的城市建设用地分类进行了调整,此处也相应做出调整。(见表2.3)

表2.3 城市建设用地分类表

用地代码	用地名称	内容
R	居住用地	住宅和相应服务设施的用地
A	公共管理与公共服务设施用地	行政、文化、教育、体育、卫生等设施用地
B	商业服务业设施用地	商业、商务、娱乐康体等设施用地
M	工业用地	工矿企业的生产车间、库房以及附属设施用地
W	物流仓储用地	物资储备、中转、配送等用地
S	道路与交通设施用地	城市道路、交通设施等用地
U	公用设施用地	供应、环境、安全等设施用地

附属绿地因所附属的用地性质不同,在功能用途、规划设计与建设管理上有较大差异,应同时符合城市规划和相关规范规定的要求。

5. 区域绿地(EG)

区域绿地指市(县)域范围以内、城市建设用地之外,对保障城乡生态和景观格局完整、居民休闲游憩、设施安全与防护隔离等具有重要作用的各类绿地,不包括耕地。区域绿地主要是为了与城市建设用地内的绿地进行对应和区分,以突出该类绿地对城乡整体区域生态、景观、游憩各方面的综合效益。

区域绿地依据绿地主要功能分为4类:风景游憩绿地、生态保育绿地、区域设施防护绿地、生产绿地(见表2.4)。这样分类突出了各类区域绿地在游憩、生态、防护、园林生产等不同方面的主要功能。

表2.4 区域绿地分类表

类别代码			类别名称
大类	中类	小类	
EG			区域绿地
	EG_1		风景游憩绿地
		EG_{11}	风景名胜区
		EG_{12}	森林公园
		EG_{13}	湿地公园
		EG_{14}	郊野公园
		EG_{19}	其他风景游憩绿地
	EG_2		生态保育绿地
	EG_3		区域设施防护绿地
	EG_4		生产绿地

2.1.3　园林绿地的组成

园林绿地的类型丰富，其基本构成要素包括植物、建筑、水景和假山四种。园林绿地不是基本要素的简单叠加，其构成要注意多样与统一、协调与对比、均衡与对称、比例与尺度、节奏和韵律的关系，通过造型、色彩、质感的变化，营造调和、亲切和自然的美感。

1. 植物(图 2.1)

(1) 花。

园林植物的花各式各样，具有不同的形状和大小，不同的色彩，不同的芳香，单瓣抑或是重瓣，这些复杂多变的因素形成了不同的观赏效果，给人以视觉和嗅觉上的享受。

图 2.1　园林植物示意图

植物的花色彩极为丰富，是最直观的视觉要素。在进行植物造景时应使花的色彩与周围的环境、场景气氛相协调，可以通过花的色彩、形态等来衬托气氛、突出主题、创造意境。花的芳香可分为清香型(如茉莉、九里香、荷花等)、淡香型(如玉兰、梅花、香雪球等)、甜香型(如桂花、含笑、百合等)、浓香型(如白兰花、玫瑰、玉簪、晚香玉等)、幽香型(如树兰、蕙兰等)。

(2) 叶。

园林植物叶的价值主要表现在叶的形状及叶的色彩上。园林植物的叶形丰富多样，尤其是一些形状奇异的叶片，更具观赏价值，如鹅掌楸的马褂形叶、北美鹅掌楸的鹅掌形叶、羊蹄甲的羊蹄形叶、银杏的折扇形叶、黄栌的圆扇形叶、元宝枫的五角形叶、乌桕的菱形叶等。棕榈、椰树、龟背竹等叶片带来热带风情，合欢、凤凰木、蓝花楹纤细似羽毛的叶片则轻盈秀丽。

园林中植物的叶大多为绿色，但不同树种绿色度会有差异，如深绿的有松树、柏桂花、女贞、大叶黄杨、毛白杨、柿树、麦冬等；浅绿的有水杉、金钱松、馒头柳、刺槐、玉兰、鹅掌楸、银杏、紫薇、山楂、七叶树、梧桐等。把深浅不同的绿色植物配植在一起，能增加层次，扩大景深，得到良好的景观效果。此外，还有不少的变叶类的园林植物，如春季叶色变红或变紫的七叶树、臭椿、五角枫、元宝枫、黄连木、香椿、栾树、日本晚樱、石榴、茶条槭等，秋季叶色变黄或变红的银杏、白蜡、鹅掌楸、栾树、枫香、乌桕、鸡爪槭、火炬树、地锦、黄栌、山楂等。还有一些树种是长年异色叶，如红枫、紫叶李、紫叶小檗、紫叶桃等长年的叶色为红色或紫色，金叶女贞和金山绣线菊叶色长年为黄色。

(3) 果。

很多园林植物可以结果，在植物景观中也发挥着极高的观赏效果。果的颜色也各不相同：红色系的山楂、冬青、海棠果、火棘、金银木、枸杞、毛樱桃等；白色系的红瑞木雪果、湖北花楸等；黄色系的贴梗海棠、金橘、木瓜、海棠花、柚、沙棘等；蓝紫色系的葡萄、蓝果忍冬、海州常山等；黑色系的金银花、女贞、地锦、君迁子、刺楸、鼠李等。这些植物不仅能点缀秋景，为人们带来美的享受，还能吸引鸟类及小兽，给园林环境带来生动活泼的气息，促进绿地生物多样性的形成。

(4) 干。

园林树木的干皮有的光滑透亮，有的粗糙开裂。开裂的干皮有横纹裂、片状裂、纵条裂、长方裂等多种类型，具有一定观赏价值。干的色彩有多种：红色系的有红瑞木、山桃、杏树等；黄色系的有金枝垂柳、黄桦、金竹等；绿色系的有梧桐、棣棠、枸橘、迎春、竹类等；白色系的有老年白皮松、白桦、粉单竹、核桃等；斑驳色系的有悬铃木、木瓜。

树干的色彩搭配在不同的地域都能带来很好的视觉效果，秋冬北方白雪底色与红色、黄色、绿色树干相配的灌木树丛，使得北方的冬景极富情趣；在南方，白色的粉单竹、高大的黄金间碧竹、奇特的佛肚竹成丛地栽植一角，白、黄、绿的色彩对比，挺拔高大与奇特佛肚的形态对比会使得局部景观生动活泼。

2. 建筑

园林建筑是指在园林绿地中既有使用功能，又可供观赏的景观建筑或构筑物，如亭、廊、榭等。(图 2.2)

(1) 亭。

《园冶》中说："亭者，停也。所以停憩游行也。"亭是供人休息、遮阴、避雨的建筑，个别属于纪念性建筑和标志性建筑。亭是园林中最常见的一种园林建筑。园亭要建在风景好的地方，使入内歇足休息的人有景可赏，更要考虑建亭后成为一处园林美景，园亭在园林中往往起到画龙点睛的作用。

(2) 廊。

廊是建筑物前面增加的"一步"(古建筑的一个柱间)，一般有柱子，有的还设栏

图2.2 园林建筑

杆。栏杆不但是厅堂内室、楼、亭台的延伸，也是由主体建筑通向各处的纽带。《园冶》中“廊者，庑出一步也，宜曲宜长则胜……随形而弯，依势而曲。或蟠山腰，或穷水际，通花渡壑，蜿蜒无尽……”这是对园林中“廊”的精炼概括。廊架是廊和花架的统称，它是园林中空间联系与分割的重要手段。廊架不仅具有交通联系、遮风避雨的实用功能，而且对游览路线的组织和串联也有着十分重要的作用。

（3）榭与舫。

榭与舫的相同之处都是临水建筑，不过在园林中榭与舫在建筑形式上是不同的。《园冶》中记载：“……榭者，藉也。藉景而成者也。或水边，或花畔，制亦随态。”榭，又称为水阁，不但多建于水边，而且多建于水之南岸，使人视线向北观景。舫，又称旱船，是一种船形建筑，必建于水边，多是三面临水，使人有虽在建筑中，却又有着犹如置身舟楫之感。

（4）轩。

园林中的轩多为高大而宽敞的建筑，但体量不大。轩的类型较多，有的奇特，也有的平淡无奇，如同宽的廊。在园林建筑中，轩这种形式也像亭一样，是一种点缀性的建筑。《园冶》中说“轩式类车，取轩欲举之意，宜置高敞，以助胜则称”，表明轩的式样类似古代的车子，取其“居高”之意。

（5）楼。

楼在园林中是一个较大的高耸建筑，是园中的主要视觉对象。园中之楼是构成一个景区的主体，其周围再适当配以山石、池水、林木，使得楼与园景融为一体，展现建筑与自然的和谐美。

(6) 阁。

阁与堂相似，但比堂高出一层，阁的四周都要开窗，属造型较轻巧的建筑物。阁在园林中的作用是方便赏景和控制风景视线，常成为全园艺术构图的中心，成为园林中的标志，如苏州拙政园的浮翠阁、留听阁等单层建筑。临水而建的称为水阁，如苏州网师园的濯樱阁等。

(7) 厅与堂。

厅与堂是古时会客、治事、礼祭的建筑。一般坐北向南，较宽敞，居园林中的重要位置，成为全园的主体建筑。从结构上分，用长方形木料作梁架的一般称为厅，用圆木料者称为堂。厅与堂常与廊、亭、楼、阁相结合。

3. 水景

水景常由水体和植物(水生植物、水边植物)构成。水体主要包括水池、喷泉、瀑布、溪流、湖泊。其中水池、喷泉在城镇公园或住宅环境中最为常见。水生植物可以与城镇当地的自然条件和经济条件相结合，大面积的水生植物种植可以结合生产，选择莲藕、芡实、芦苇等；较小面积的水生植物可以点缀观赏性的水生花卉，如荷花、睡莲、玉莲、香蒲、水葱等。水边植物配置应讲究艺术效果，我国园林中自古主张水边植以垂柳，造成柔条拂水之景，同时在水边种植落羽松、赤松、水杉及具有下垂气根的小叶榕等，起到美化线条构图的作用。(图 2.3)

图 2.3 园林水景

4. 假山

假山是中国古典园林中不可缺少的构成要素之一，也是中国古典园林最具民族特色的一部分，是中国园林的象征。彭一刚先生在《中国古典园林分析》中说："园林中的山石是对自然山石的艺术摹写。"因此假山不仅施法于自然，而且还凝聚着造园

的艺术创造。(图2.4)

图2.4　园林假山示意图

假山在城镇中布设的造价较高,但常常可以起到画龙点睛的作用,尤其在不缺少假山石的城镇中,更能突出地方特色。比如南方的灵璧石、太湖石等,可就地取材来建设有地方特色的城镇。

2.2　园林绿地指标及规划

2.2.1　园林绿地指标的含义

园林绿地指标是衡量城镇园林绿化目标的方法,在实际工作中的作用主要表现在建设统计、建立标准、规划控制、评比评价4个方面。园林绿地指标是评价城市园林绿化水平和环境质量不可或缺的手段,同时也是城市规划建设管理水平、居民生活水平、对环境重视程度的反映。园林绿地指标集中体现了城镇园林绿化的规划、建设及管理过程应具备的科学性、系统性、针对性、可操作性和可比性原则,是园林绿化工程规范实施和科学发展的重要保障。

中国的城市绿地量化指标出现在20世纪50年代,城市绿地指标主要有树木株数、公园个数与面积、公园每年的游客数量等;60—70年代已进行城市绿地率和绿化覆盖率方面的统计;80年代后,随着对城市规划建设用地指标控制的不断明确和强化;1993年建设部颁布了《城市绿化规划建设指标的规定》,绿化指标的使用范围和效力亦不断增强。通过对现行统计资料、法规与标准、法定规划、评比考核标准要求4个方面所使用的主要绿化指标的分析可以看出,绿地率、人均公园绿地面积、绿化覆盖率这3项指标因其综合性、直观性和统计方面的易操作性,目前被广泛认可和使用。

随着城市建设管理需求的不断升级以及统计手段和方法的不断完善,城市绿化指标所包含的内容和指标类型、数量有着快速增加的趋势,这种变化尤其表现在2010年出台的《国家园林城市标准》与《城市园林绿化评价标准》(GB/T 50563—2010)及2012年住房和城乡建设部颁布的《生态园林城市分级考核标准》中。其中,绿化指标已从传统的以绿地建设指标为主扩展到了综合管理、绿地建设、建设管控、生态环境4个方面,指标的类型设置兼顾了对绿地的数量、布局结构和功能的要求,对公园绿地服务半径覆盖率,城市道路绿化普及率,城市新建、改建居住区绿地率,河道绿化普及率,受损弃置地生态与景观恢复率等方面提出了相应的要求。

2.2.2 园林绿地指标的计算

根据我国城镇的环境特点及现状,宜居园林式城镇一般采用建成区绿化覆盖率、建成区绿地率、人均公园绿地面积、城市道路绿化普及率和河道绿化普及率5个指标来衡量。

(1) 建成区绿化覆盖率。

$$建成区绿化覆盖率=\frac{建成区所有植被的垂直投影面积(km^2)}{建成区面积(km^2)}\times 100\%$$

城镇建成区是该行政区内实际已成片开发建设、市政公用设施和配套公共设施基本具备的区域。建成区界线的划定应符合城市总体规划要求,不能突破规划建设用地的范围,且形态相对完整。

城镇绿化覆盖面积是指城镇中乔木、灌木、草坪等所有植被的垂直投影面积,包括屋顶绿化植物的垂直投影面积以及零星树木的垂直投影面积,乔木树冠下的灌木和草本植物以及灌木树冠下的草本植物垂直投影面积均不能重复计算。

(2) 建成区绿地率。

$$建成区绿地率=\frac{建成区各类城镇绿地面积(km^2)}{建成区面积(km^2)}\times 100\%$$

允许将建成区内、建设用地外的部分"其他绿地"面积纳入建成区绿地率统计,但纳入统计的"其他绿地"面积不应超过建设用地内各类城镇绿地总面积的20%;且纳入统计的"其他绿地"应与城镇建设用地相毗邻。

(3) 人均公园绿地面积。

公园绿地指向公众开放,具有游憩、生态、景观、文教和应急避险等功能,有一定游憩和服务设施的绿地。公园绿地的统计方式应以现行的《城市绿地分类标准》为主要依据,不得超出该标准中各类公园绿地的范畴,不得将建设用地之外的绿地纳入公园绿地面积统计。

$$建成区人均公园绿地面积=\frac{公园绿地面积(m^2)}{建成区内的城区人口数量(人)}\times 100\%$$

人口数量按照建成区内的城区人口计算。按照《全国城市建设统计年鉴》要求,从 2006 年起，城区人口包括公安部门的户籍人口和暂住人口。公园绿地中涉及水面时，纳入城镇建设用地内的水面计入公园绿地统计，未纳入城镇建设用地的水面一律不计入公园绿地统计。

（4）城镇道路绿化普及率。

$$城镇道路绿化普及率=\frac{城镇建成区内道路两旁种植的行道树道路长度(km)}{市建成区内道路总长度(km)}\times 100\%$$

城镇道路绿化普及率是对道路绿化量的考查内容，也是直接影响城镇面貌和生态效果的指标之一。目前，乡镇道路绿化工作往往存在着两个问题：一是老镇区因建设年限较早、标准较低，道路绿化严重缺乏；二是一些新建道路盲目套用城市的思路，发展宽阔的城市道路，而忽视道路绿化带的设置和乔木的种植，造成道路噪声污染严重，遮阴能力以及景观效果差等问题。

因此，要加强城镇道路绿化隔离带、道路分车带和行道树的绿化建设，增加乔木种植比例，达到“有路就有树，有树就有荫”的效果。同时，道路设计宽度也应适宜，要与村镇规模、道路周边环境等相匹配。倡导林荫路的建设旨在推动城镇道路绿化建设时“适地适树”的理念。当前的城镇建设现状中，行道树的选择，存在盲目追求常绿树木、名贵树木的问题，而失去了行道树最基本的遮阴、吸尘降噪、安全隔离等功能。

（5）河道绿化普及率。

$$河道绿化普及率=\frac{单侧绿地宽度大于或等于 12\ m 的河道滨河绿带长度(m)}{河道岸线总长度(m)}\times 100\%$$

纳入统计的河道包括城镇建成区范围内和（或）与之毗邻、在《城市总体规划》中被列入 E 水域的河道。滨河绿带长度为河道堤岸两侧绿带的总长度，河道岸线长度为河道两侧岸线的总长度。

城镇的河道水体护岸在前几年往往偏重于防洪排涝的功能，且护岸硬化、渠化现象严重。河道绿化普及率突出了“生态优先”的理念，强调河道水体的绿化，为生态修复提供有利的条件，逐步形成草木丰茂、生物多样、自然野趣、具有自我修复功能的生态河道景观。

2.2.3　园林绿地指标的规划

园林绿地指标的规划是指从规划设计的角度建立的一套适用于园林式城镇绿地系统的指标体系。园林绿地的规划和建设受到城镇的性质、规模、自然环境、经济社会发展水平、建设用地分布现状、建筑现状、园林绿地现状及基础等众多因素综合影响。指标的规划需要遵循如下原则。

（1）系统性原则。

园林绿地指标的规划是一项系统工程，具有层次性，从宏观到微观，层层深入，形成完整的指标系统。指标体系应围绕绿地规划设计的总体目标，全面真实地反映各项指标的基本特征和价值。采用的指标应尽可能完整齐全，不应该有遗漏或有所偏颇。

（2）独立性原则。

指标体系是一个有机的整体，但各指标之间应相互独立，不应存在相互包含或交叉关系及大同小异的现象。这样不仅可以使指标体系清楚明白，更加合理，而且可以避免一些重复计算。

（3）可行性原则。

指标体系的建立应考虑现实操作的可行性。指标体系不应过于复杂，应简洁明了地反映绿地的主要特征和价值。选取的指标应简明易懂，要具有可测性和可比性，可以直接度量或通过一定的量化方法间接度量，避免或减少主观判断。另外，计算方法不应过于复杂，要便于实际操作。

（4）科学性原则。

指标体系必须科学、客观、合理有效，不仅要遵循生态学的基本规律，而且要反映绿地生态环境的客观实际，不能依据个人主观因素和意愿进行选择。

为了更好地促进城镇园林绿化建设，我国对《国家园林城市申报与评审办法》《国家园林城市标准》《生态园林城市申报与定级评审办法和分级考核标准》《国家园林县城城镇标准和申报评审办法》进行了修订，形成了《国家园林城市系列标准》（建城〔2016〕235号）。《国家园林城市系列标准》包括国家园林城市标准、国家生态园林城市标准、国家园林县城标准、国家园林城镇标准、相关指标解释5部分。国家园林城镇标准分为综合管理、绿地建设与管控、生态环境、市政设施、特色风貌等共20多项指标，其中绿地建设与管控涉及指标10项，可以作为指标规划工作的参考，详见表2.5。

表2.5　国家园林城镇绿地建设与管控指标体系

<table>
<tr><td>绿化覆盖率/%</td><td>≥36%</td></tr>
<tr><td>绿地率/%</td><td>≥31%</td></tr>
<tr><td>人均公园绿地面积/(m^2/人)</td><td>≥9.00 m^2/人</td></tr>
<tr><td rowspan="3">公园绿地建设与管理</td><td>①公园绿地布局合理均匀，至少有一个具备休闲、娱乐、健身、科普教育及防灾避险等综合功能的公园，并符合《公园设计规范》</td></tr>
<tr><td>②以植物造景为主，推广应用乡土、适生植物；植物配置注重乔灌草（地被）合理搭配，突出地域风貌和历史文化特色</td></tr>
<tr><td>③因地制宜规划建设应急避险场所并保障日常维护管理规范到位</td></tr>
<tr><td rowspan="4">道路绿化</td><td>①建成区内主要干道符合城镇道路绿化设计相关标准规范</td></tr>
<tr><td>②至少有一条符合“因地制宜、适地适树”原则的达标林荫路</td></tr>
<tr><td>③道路绿化普及率≥85%</td></tr>
<tr><td>④道路绿地达标率≥80%</td></tr>
</table>

续表

附属绿地	①新建小区绿地率≥30%，改建小区绿地率≥25%
	②学校、医院等公共服务设施配套绿地建设达标
河道、水体绿化普及率/%	≥80%
古树名木及后备资源保护	①严禁移植古树名木，古树名木保护率 100%
	②完成镇区范围内、树龄超过 50 年(含 50 年)古树名木后备资源普查、建档、挂牌并确定保护责任单位或责任人
绿地管控	①现有各类绿地均得到有效保护
	②制定严格控制改变规划绿地性质、占用规划绿地等管理措施并有效实施
节约型园林绿化建设	①积极推广应用乡土及适生植物
	②园林绿化建设以植物造景为主，以栽植全冠苗木为主，采取有效措施严格控制大树移植、大广场、喷泉、水景、人工大水面、大草坪、大色块、仿真花木、雕塑、灯具造景、过度亮化等
	③因地制宜推广阳台、屋顶、墙体等立体绿化

2.3　城镇园林绿地系统的规划设计

城镇园林绿地系统指在规划区范围由承担生态保育、风景游憩、防护隔离、园林生产等功能的各类绿色开敞空间所构成的空间系统。城镇园林绿地系统规划的主要任务，是在深入调查研究的基础上，根据《城市总体规划》中的城镇性质、发展目标、用地布局等规定，科学制定各类绿地的发展指标，合理安排各类园林绿地建设和市域大环境绿化的空间布局，达到保护和改善生态环境、优化人居环境、促进可持续发展的目的。

2.3.1　城镇园林绿地系统规划的内容

城镇园林绿地系统规划的期限一般为 10～20 年，并应对系统的发展远景做出预测性构想。城镇总体规划的园林绿地系统规划应明确园林绿地系统发展目标、城乡绿地系统网络结构和重要绿地布局，确定城镇中心绿地率、人均公园绿地规模等指标，提出城镇中心绿地系统结构，提出多层级的公园绿地规划配置要求，布局大型公园绿地，确定大型公园绿地、防护绿地等的绿线。

确定城镇园林绿地系统的发展目标和指标，应遵循以下原则：

(1) 与城镇定位及其经济社会发展水平相适应；

(2) 近期与远期相结合；

(3) 充分发挥园林绿地在生态、游憩、景观、文化、安全等方面的综合功能；

(4) 尊重生态本底条件，有助于突出城镇自然和文化特色。

城镇控制性详细规划的绿地规划应确定公园绿地、防护绿地、广场用地的范围，规定公园绿地的出入口、停车场、建筑规模控制指标，规定附属绿地占单项建设用地的比例。宜居园林式城镇也可以单独编制绿地系统规划，包括规划区和城镇中心两个空间层次。单独编制的园林绿地系统规划应包括下列内容：

(1) 规划区绿地系统规划；

(2) 城镇中心绿地系统规划的原则、目标、指标和布局结构；

(3) 城镇中心公园绿地规划；

(4) 城镇中心防护绿地规划；

(5) 城镇中心广场用地规划；

(6) 城镇中心附属绿地规划；

(7) 道路绿化规划；

(8) 防灾避险绿地规划；

(9) 树种规划；

(10) 古树名木保护规划；

(11) 绿地系统近期建设规划；

(12) 城镇中心重要的综合公园、专类公园和防护绿地的绿线规划；

(13) 根据城镇实际需要可以增加生物多样性保护规划、生态修复规划、绿地景观风貌规划、立体绿化规划等内容。

2.3.2 城镇园林绿地系统规划的原则

城镇园林绿地系统规划应遵循以下原则。

(1) 生态优先原则：应有利于维护自然生态，有利于自然生境与生物多样性保护，维护区域生态安全，修复利用破损山地边坡、垃圾填埋场、塌陷区、采空区等。

(2) 因地制宜原则：应依托自然山水格局，突出地域性文化特征，保护与合理利用自然景观与历史文化资源，统筹安排绿地布局。

(3) 结构优化原则：应注重规划区绿地系统的整体性与连续性，构建规划区绿地生态网络，优化规划区空间布局，保障城市生态安全，与城市绿地共同构建生态安全格局。

(4) 功能主导原则：应确定规划区绿地系统生态保育、风景游憩、设施防护功能，分类指引建设管控。

城镇园林绿地系统规划还应从保护植物物种多样性、基因多样性、生态系统多样性、景观多样性四个保护规划途径提出生物多样性保护的措施。城镇园林绿地系统规划的生物多样性保护规划应符合以下原则。

（1）应维护生态系统整体性，保护重要的生物栖息地和生物迁徙廊道，明确各类自然保护地的范围和管控要求。

（2）应加强对维护整体生态平衡有关键作用的物种和珍稀濒危物种、名木古树和原始生境的保护。

（3）应与园林绿化建设相结合，依托各类绿地培育生态适应性强、结构合理稳定的植物群落，坚持园林绿化植物的多样性。

（4）应充分挖掘、利用乡土植物，保持地域性生态景观风貌。

当前，全国海绵城市建设如火如荼，园林绿地系统是城镇最大的"海绵体"，园林绿地规划应在保证绿地生态、游憩和景观功能的前提下与海绵城市建设相结合，预留保障雨洪安全消解过程的生态通道，因地制宜布局"海绵"绿地，发挥绿地蓄滞消纳和净化、利用雨水的功能。

此外，城镇园林绿地规划应与城镇生态修复和城镇功能修补工作相结合，构建并完善绿地生态网络，修复利用城镇废弃地，优化户外休闲游憩服务空间。沿河湖水系布局绿带，应符合国家关于防洪、航运的要求，并使之发挥生态保护和游憩的功能。

2.3.3　城镇园林绿地系统规划的方法

城镇园林绿地系统规划的方法包括绿色生态空间统筹规划、城镇绿地系统规划和绿地分类规划。

1. 绿色生态空间统筹规划

绿色生态空间是城镇重要的生态资源，是城镇生态安全本底，必须采用科学方法进行有效保护，以便充分发挥其生态为主体的多元功能。城镇绿色生态空间统筹应与涉及各类建设行为和生产生活行为进行空间布局的空间政策范围进行统筹协调。

①城镇绿色生态空间统筹应分析生态安全格局，识别绿色生态空间管控要素，统筹协调安排绿色生态空间和城镇空间布局，构建"基质—斑块—廊道"生态网络体系，划定生态控制线，分级分类明确绿色生态空间管控原则和目标。

②生态安全格局分析应根据城镇自然地理特征和生态本底条件、生态格局发展演化的趋势和面临的主要风险，确定需要分析的生态因子及其生态过程，应包括区域水文、生物多样性、地质灾害与水土流失、风景游憩等主要内容。

③城镇绿色生态空间统筹应与主体功能区规划和土地利用规划、生态保护红线、永久基本农田保护红线、城镇开发边界相协调，落实各类自然保护地的边界范围和保护管控规定。

④城镇绿色生态空间统筹应根据自然生态系统的整体性，将生态系统服务功能重要、生态环境敏感的区域划入生态控制线，生态保护红线范围内的区域应纳入生态控制线。

纳入生态控制线及其严格管控范围的生态空间要素应包括以下内容，见表 2.6。

表 2.6　生态控制线及其严格管控范围的生态空间要素一览表

生态空间要素类型		生态空间要素	严格管控范围的生态空间要素
大类	小类		
生态保育	水资源保护	饮用水、地表水源一、二级保护区和地下水源一级保护区	饮用水、地表水源和地下水源一级保护区
	河流湖泊保护	河道、湖泊管理范围及其沿岸的防护林地	河道、湖泊管理范围及其沿岸必要的防护林地
	林地保护	国家和地方公益林 其他因生态保护需要纳入的林地	国家和地方公益林
	自然保护区	自然保护区	自然保护区的核心区、缓冲区
	水土保持	水土流失严重、生态脆弱的地区，水土流失重点预防区和重点治理区 25°以上的陡坡地，禁止开垦坡度以上的陡坡地	25°以上的陡坡地，禁止开垦坡度以上的陡坡地
	湿地保护	国家和地方重要湿地 其他因生态保护需要纳入的林地	国家和地方重要湿地
	生态网络保护	根据生态安全格局研究确定的为保证市域、规划区和城市生态网络格局完整的区域	—
	其他生态保护	其他根据生态系统服务重要性评价、生态环境敏感性和脆弱性评价等科学评估分析，确定的生态敏感区和生态脆弱区	依据相关规范性文件、相关规划的要求分析确定的生态极敏感区域和高度敏感区域
风景游憩	风景名胜区	风景名胜区的特级保护区、一级保护区和二级保护区	风景名胜区的核心景区
	森林公园	各级森林公园	森林公园的珍贵景物、重要景点和核心景区
	国家地质公园	国家地质公园的地质遗迹保护区、科普教育区、自然生态区、游览区、公园管理区	地质公园中地质遗迹保护区的一级和二级、三级区
	湿地公园	国家湿地公园和城市湿地公园	国家湿地公园的湿地保育区、恢复重建区 城市湿地公园的重点保护区、湿地展示区
	郊野公园	郊野公园	郊野公园的保育区

续表

生态空间要素类型		生态空间要素	严格管控范围的生态空间要素
大类	小类		
防护隔离	地质灾害隔离	地质灾害易发区和危险区、地震活动断裂带及周边用于生态抚育和绿化建设的区域	地质灾害危险区、地震活动断裂带中用于生态抚育和绿化建设的区域
	环卫设施防护	环卫设施防护林带	法律法规、标准规范确定的环卫设施防护林带的最小范围
	交通和市政基础设施隔离	公路两侧的建筑控制区、铁路设施保护区 变电设施用地、输电线路走廊和电缆通道等电力设施保护区	公路两侧的建筑控制区 法律法规、标准规范确定的变电设施用地、输电线路走廊和电缆通道等电力设施保护区的最小范围
	自然灾害防护	防风林、防沙林、海防林等自然灾害防护绿地	作为生态公益林的自然灾害防护绿地
	工业、仓储用地隔离防护	工业、仓储用地卫生或安全防护距离中的防护绿地	法律法规、标准规范确定的工业、仓储用地卫生或安全防护距离中的防护绿地的最小范围
	蓄滞洪区	经常使用的蓄滞洪区	蓄滞洪区的分洪口门附近和洪水主流区域
	其他防护隔离	其他为保证城市公共安全，以规避灾害、隔离污染、保证安全为主要功能，以绿化建设为主体，严格限制城乡建设的区域	其他法律法规、标准规范确定的防护隔离绿地的最小范围
生态生产	生态生产空间	集中连片达到一定规模并发挥较大生态功能的农林生产空间	—

2. 城镇绿地系统规划

城镇绿地系统布局应与绿地生态空间有机贯通，依托自然山水和人文景观，合理配置公园体系，优化和完善城镇空间格局，构建城镇绿地协调的有机网络。城镇各功能组团之间应布置隔离绿带，可选择环、楔、廊、带、网等多种形态组合布局。公园绿地的规划和防护绿地的规划是城镇绿地系统规划的重点，遵循的主要原则如下。

（1）配置各级各类公园构建公园体系，应遵循以下原则。

①分级配置：应按服务半径分级配置大、中、小不同规模等级的公园绿地。

②均衡布局：新区应均衡布局公园绿地，老旧镇区应结合更新改造优化布局公园绿地，提升服务半径覆盖率。

③丰富类型：宜配置儿童公园、植物园、动物园（区）等多种类型的专类公园。

④突出特色：应因地制宜保护和利用城市自然山水和历史文化资源，突出本地自然生态与文化特色。

(2) 防护绿地应根据防护对象、气候条件和影响范围等因素设置。

①受风沙、风暴、海潮、寒潮、静风等影响的城市，应综合考虑城市布局和盛行风向设置防风林带、通风林带。

②城镇粪便处理厂、垃圾处理厂、净水厂、污水处理厂、殡葬设施等周围应设置防护绿地。

③生产、存储、经营易燃、易爆品的工厂、仓库、市场，产生烟、雾、粉尘及有害气体等工业企业周围应设置防护绿地。

④城镇内河流、湖泊、海洋等水体及高速公路、快速路、铁路旁应设置防护绿地。

⑤城镇山体周边、边坡陡坡、宕口修复地等地应设置防护绿地。

⑥公用设施管廊、高压走廊应设置防护绿地。

城镇绿地系统规划可以参照表 2.7 进行汇总。

表 2.7　城镇绿地汇总表

序号	类别名称	绿地面积/hm^2		占城市建设用地比例		人均绿地面积/(m^2/人)	
		现状	规划	现状	规划	现状	规划
G1	公园绿地						
G11	综合公园						
G12	社区公园						
G13	专类公园						
G14	游园						
G2	防护绿地						
G3	广场用地						
合计							

3. 城镇绿地分类规划

(1) 城镇公园绿地规划。

城镇公园绿地规划应控制建筑占地面积占比，保障绿化用地面积占比，合理安排园路及铺装广场用地的面积占比，相关内容应符合《公园设计规范》(GB 51192—2016)。城镇公园绿地选址应符合以下原则。

①应方便市民日常游憩使用。

②宜与自然山水空间和历史文化资源的分布相结合。

③应至少可以设置一个主要出入口与城镇道路衔接。

④应有利于创造良好的景观。

⑤规划公园绿地不应布置在有污染隐患的区域，确有必要选址的，对于可能存在

的污染源应确保有安全、适宜的消除措施。

⑥因卫生防护和安全防护功能的需要设置防护绿地的区域，不得作为公园绿地。

公园可以分为综合公园和专类公园两种。综合公园应优先布置在区位条件良好、生态和风景资源优越、道路交通和公共交通条件便捷的地段，并有利于风貌塑造。综合公园可配置儿童游戏、休闲游憩、运动康体、文化科普、园务管理、演艺娱乐、商业服务等基本设施并至少应有一个主要出入口与城镇干道衔接。

城镇专类公园规划应符合以下规定。

①历史名园：应根据相关城镇规划要求确定保护对象和内容，保护其真实性和完整性，规划范围不应小于城镇规划确定的历史名园的保护范围。必要时可在其外围划定建设控制地带和景观环境协调区。

②植物园：植物园应选址在水源充足、土质良好、避开工业区和各类污染源的城镇河流上游和主要风向的上风方向区域，宜有丰富的天然植被和地形变化。

③动物园：城镇综合性动物园应选址在河流下游和下风方向的近郊区域，远离工业区和各类污染源，并与居住区有适当的距离。野生动物园应选址在远郊区域。

④体育健身公园：体育健身公园规划应接近城镇居住区。

⑤儿童公园：儿童公园应选址在地势较平坦、避开噪声干扰和各类污染源的区域，设在与居住区交通联系密切的城市地段。

(2) 城镇防护绿地规划。

城镇防护绿地的规划应注意以下几点：

①公用设施廊道(石油、天然气管道等)周围应规划防护绿地。35 kV 以上的高压走廊宜根据线路的电压等级及同走廊架设的线路数量，设置相应宽度的高压走廊绿地。

②传染病院周围必须设置防护绿地。

③城市快速路和城市立交桥控制范围内应设置道路防护绿地。

④公路沿线防护绿地规划宽度应根据城市规划、公路等级、车道数量、环境保护要求和建设用地条件合理确定。

⑤建成区铁路防护绿地从铁路线路路堤坡脚、路堑坡顶或者铁路桥梁外侧起向外计算，其数值应满足相关规范的规定。

⑥二、三类工业用地与居住区之间应设置防护绿地。

⑦城市河流、湖泊等水体沿岸应设置防护绿地，根据河道竖向截面、河道宽度确定防护绿地的宽度。

⑧受风沙、风暴潮侵袭的城市，在盛行风向的上风侧应设置两道以上的防护林带。

(3) 城镇广场用地规划。

城镇广场用地规划应注意以下几点。

①应符合城镇规划的空间布局和城镇设计的景观风貌塑造要求，有利于展现城

镇的景观风貌和文化特色。

②应保证可达性，至少与一条城镇道路相邻，宜结合公共交通站点布置。

③宜结合公共管理与公共服务用地、商业服务设施用地、交通枢纽用地布置。

④宜与公园绿地和绿道等游憩系统结合布置。

广场用地的功能性主题应与周边其他用地特征配合，如市政、商业、宗教、历史纪念、城市标志性形象等，从而参与所在地段的景观风貌塑造。能够容纳大型集会和团体表演的广场适宜临近政府机构、文化展览馆和博物馆等公共机构的用地布局，方便户外的公共活动，展现城镇的景观风貌；满足社区游憩功能较小规模的广场，可以布局在开放空间稀缺、需要城镇更新的地段。以商业为主题性功能的广场适宜与商业步行街区和公共交通站点紧密结合，重点满足商业性娱乐、交往和景观风貌功能。

广场用地与轨道交通站、公交车站等公共交通站点紧邻或结合布局，方便到达并满足大量人流集散的要求。广场用地可以与公园绿地在空间上相邻布置，或与城镇道路相邻布置。前者提供大面积的、更具开放性的硬质活动场地，后者提供宜人的环境和丰富的游憩设施，二者功能互补，提升城市活力。

广场用地片面强调宏伟大气的形象，既背离城镇建设用地集约利用的方向，也加剧了城市热岛效应等消极的生态影响。尤其在夏季日照强烈或冬季风、海风强劲的城市，过大尺度的广场用地，容易形成非人性化的、小气候恶劣的城市户外场所。

(4) 城镇附属绿地规划。

城镇附属绿地是构成城镇绿地的重要组成部分，是城市居民生活、工作中接触最多的绿地空间。覆盖除绿地和广场用地外的其他全部类型的城市建设用地的附属绿地的规划，包括《城市用地分类与规划建设用地标准》(GB 50137—2011)中确定的7个大类的城市建设用地。

中共中央、国务院《关于进一步加强城市规划建设管理工作的若干意见》中提到“合理规划建设广场、公园、步行道等公共活动空间，方便居民文体活动，促进居民交流。强化绿地服务居民日常活动的功能，使市民在居家附近能够见到绿地、亲近绿地”。居住用地的集中绿地是保障居民就近户外短时活动、休憩的重要保障，一些居住区虽然绿地率达到要求，但是却忽视绿地的集中建设，应注意与《城市居住区规划设计标准》对接。附属绿地还包括商业设施、工业企业、交通枢纽、仓储、商业中心等的绿地规划，应参考《城市绿化规划建设指标的规定》(建城〔1993〕784号)中规定执行。工业用地附属绿地布局还应符合以下规定。

①应集中布局在用地周边邻近其他城镇用地的区域、行政办公区和生活服务区、对环境具有特殊洁净度或庇荫要求的区域。

②具有易燃、易爆的生产、贮存及装卸设施周边应设置能减弱爆炸气浪和阻挡火势向外蔓延的绿化缓冲带。

③散发有害气体、粉尘及产生高噪声的生产车间、装置及堆场周边，应根据全年盛行风向和环境情况设置紧密结构的防护林。

(5) 城镇区域绿地规划。

城镇区域绿地规划应注意以下几点。

①风景游憩绿地规划应遵循保护优先、永续利用原则,协调与城镇建设与发展的关系。风景游憩绿地选址应优先选择自然景观环境良好、历史人文资源丰富、适宜开展自然体验和休闲游憩活动,并与中心城区之间具有车行交通条件的地区。

②风景名胜区选址和边界的确定应有利于保护自然和文化风景资源及其环境的完整性,便于保护管理和游憩利用。

③森林公园的选址应有利于保护森林资源的自然状态和完整性,并应按照核心景观区、一般游憩区、管理服务区和生态保育区等进行功能分区规划。

④湿地公园选址应有利于保护湿地生态系统的完整性、生物多样性、生态系统的连贯性和湿地资源的稳定性,并与城市和区域水系统保护利用相协调,有稳定的水源补给保证。湿地公园选址应以湿地生态环境的保护与修复为首要任务,兼顾科教及游憩等综合功能;应充分利用自然、半自然水域,可与城市污水、雨水处理设施以及城市废弃地的生态恢复相结合。

⑤郊野公园选址应充分保护城郊自然山水地貌和生物多样性,有便利的公共交通条件,应规划配备必要的休闲游憩和户外科普教育设施,不得安排大规模的设施建设。

⑥生态保育绿地规划不应减少规模、不应缩小范围边界;不应降低生态质量和生态效益,应严格保护自然生态系统、保持水土、维护生物多样性;对生态脆弱区、生态退化区开展生态培育、恢复和修复,逐步改善和恢复受损生态功能。

⑦规划区交通设施和公共设施用地应设置具有安全、防护、卫生、隔离作用的绿地。

⑧生产绿地应合理配置苗木花草,生产、培育、引种驯化各类苗圃、花圃、草圃,优先保障城市园林绿化专用永久性苗圃。

第3章　宜居园林式城镇道路与基础设施

3.1　城镇道路交通内涵

3.1.1　城镇道路交通的作用

中共中央、国务院发布《国家新型城镇化规划(2014—2020年)》，提出“改善中小城市和城镇对外交通，发挥综合交通运输网络对城镇化格局的支撑和引导作用”的要求，全国各地积极完善城镇交通骨干网络、改善交通便利条件。城镇是农村与城市之间的纽带，是农村与城市联系的桥梁，在区域发展的过程中发挥着重要的作用，如图3.1所示。

图3.1　城镇道路

完善的城镇道路交通系统是实现城镇有序发展和满足经济发展需求的重要途径。城镇道路交通的合理规划可以正确引导人们选择合适的交通工具，从而为城镇的长远发展打下坚实的基础。与此同时，便利的交通条件可以为城镇居民提供更加宜居的环境，从而最终实现全镇的经济快速发展和土地资源合理开发利用。

3.1.2 城镇道路交通的特点

我国城镇往往有几条主要的对外交通道路，多为省道或国道。这些道路在城镇的发展过程中发挥着至关重要的作用，是镇区与周边地区的主要联系途径。镇区内部道路主要可以分为干、支两个等级，但部分城镇中不同等级的道路规模比例却严重失衡，致使道路设施不够完善，同时，道路路面质量及安全情况也不尽如人意。我国一般城镇道路交通具体特征如下。

(1) 城镇交通运输工具类型多。一般城镇道路上的交通工具主要有长途运输汽车、公共交通汽(电)车、私家车、摩托车等机动车，还有电动自行车、自行车、三轮车等非机动车。这些长度、宽度以及车速差别较大的交通工具在道路上行驶、相互干扰，对行车和行人的安全均不利。

(2) 人流、车流的流量和流向变化大。随着市场经济的深入发展，乡镇企业发展迅速，城镇的流动人口和暂住人口迅速增多，城镇中行人和车辆的流量在一天内均有较大变化，各类车辆流向也不固定。

(3) 过境交通和入镇交通流量增长快，占城镇交通比例高。我国许多城镇沿公路干线和江河发展，交通便利，随着经济发展，城镇在县(市)域综合交通网络中承担的城乡物资商品交流与过境中转交通的任务也越来越重。加上近些年来我国不断加大交通基础设施建设力度，城乡交通网络不断改善，城镇过境交通与入镇交通流量增长很快，占城镇交通比例较高。

3.1.3 城镇道路交通的发展

随着社会经济的全面发展，我国已进入城镇化深入发展的关键时期，城镇化水平已经由2002年的36.22%增长到2018年的59.58%。随着国家户籍政策的改革推行，城乡统一的户口登记制度的建立，我国传统的二元户籍制度被打破，越来越多的人将涌入城镇，在城镇化高速发展的背景下，城镇的道路交通问题必须放在重要位置。

从资源的可持续发展以及环境友好型社会的建立两方面考虑，未来城镇交通系统规划仍需重点考虑步行、非机动车以及公共交通的出行方式，因此提前对步行和非机动车交通进行系统规划具有深远意义。要解决城镇道路交通系统中主要存在的非机动车道缺失、人行道被占等诸多问题，应同时关注以下两方面的研究。一是在规划设计方面，要根据预测的交通流量及规范标准对道路的断面形式进行合理设计。二是在交通管理方面，要营造一个安全、有秩序的交通环境。

近年来，公共交通工具优先的政策在大中城市中广泛推行，取得了显著的效果。而随着城镇的发展，公共交通以其经济、实用、快捷的优势，也势必会迅速融入城镇道路交通体系中，成为居民交通出行的重要组成部分。与此同时，居民也迫切需要一套高标准、规范化的交通配套设施，如停车场、道路标志标线等。

3.2 城镇道路交通规划设计

3.2.1 道路交通规划理论基础

(1) 城镇道路交通系统构成。

道路交通系统作为城镇功能和土地利用的联系网络，是整个城镇的骨架和动脉，同时也是城镇规划和城镇市政基础设施的重要组成部分。从城镇道路交通的整体性、独立性和相关性出发，可将城镇道路交通系统主要分为以下五类子系统。

①道路网系统。

城镇所辖地域内的道路网系统，按功能和使用特点可分为公路和城镇道路两大类。其中，公路作为联系城镇与城市、乡村和其他城镇的道路，又可分为国道、省道、县道和乡道；而城镇道路则起到联系城镇公共服务中心、居住区、工业区等各组成部分的作用，主要分为主干路、次干路、支路和巷路四个等级，见表 3.1。

表 3.1 城镇道路系统组成表

规模分级	道路级别			
	主干路	次干路	支路	巷路
特大、大型	●	●	●	●
中型	○	●	●	●
小型		○	●	●

注：表中●为应设的级别；○为可设的级别。

来源：《镇规划标准》(GB 50188—2017)。

②静态停车系统。

停车场也被称为静态交通，是城镇道路交通的重要组成部分，总体上可以分为路内停车设施和路外停车设施两大类。其中，路内停车设施是指车辆停放在车行道旁沿路缘石边的道路内，多提供短时停车；路外停车设施主要指在道路系统以外、从事车辆保管存放的各种停车场所，按服务对象可分为专用停车场和公共停车场。

③客货运系统。

客货运系统包括客运交通系统和货运交通系统两部分。其中，客运交通系统又分为公共交通系统和个体交通系统。公共交通系统一般由公共汽车、停车场和枢纽构成，以定线交通形式为主进行镇际及镇区间的交通联系，少数经济发达的城镇公共交通系统还包括出租车和公共自行车等；个体交通系统一般以私家车、摩托车等个人交通工具为主，灵活性、机动性较强。货运交通系统则由专业货运和社会货运两部分构成，包括货运汽车、货运路线和货物流通中心等组成要素。

④慢行交通系统。

慢行交通系统包括非机动车和步行两种形式的交通。其中，非机动车交通系统是由城镇道路两侧非机动车道、支路和巷路共同组成的一个能保证非机动车连续交通的网络；而步行交通系统则主要由道路两侧人行道、商业步行街、滨河步道等步行区域构成，满足城镇居民步行的需要。

⑤交通控制与管理系统。

交通控制与管理系统主要包括过街设施、交通标志标线、道路信号控制设施等要素，起到组织、指挥和维持秩序的作用。通过对城镇道路交通系统中各子系统及要素的控制与管理，从而保证系统正常工作和有序运转，在现有条件下最大限度发挥功能与效益。

(2) 道路分类。

针对城镇道路交通系统，按照城镇道路路网类型与密度特征，可将城镇道路分为稀疏型城镇道路、街道主导型城镇道路、一般型城镇道路以及完善型城镇道路四种类型，如图3.2～图3.5所示。

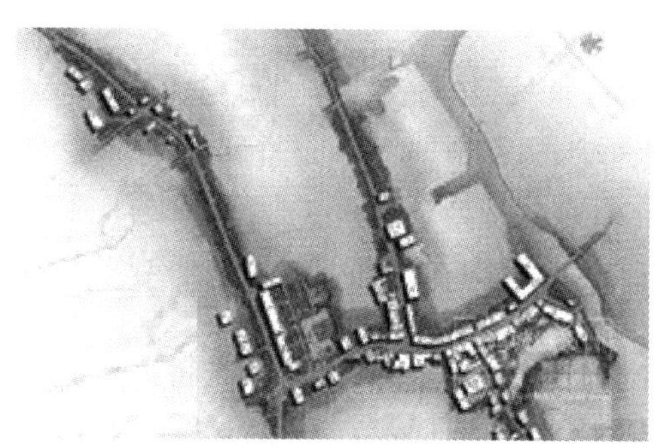

图3.2　稀疏型城镇道路

图3.3　街道主导型城镇道路

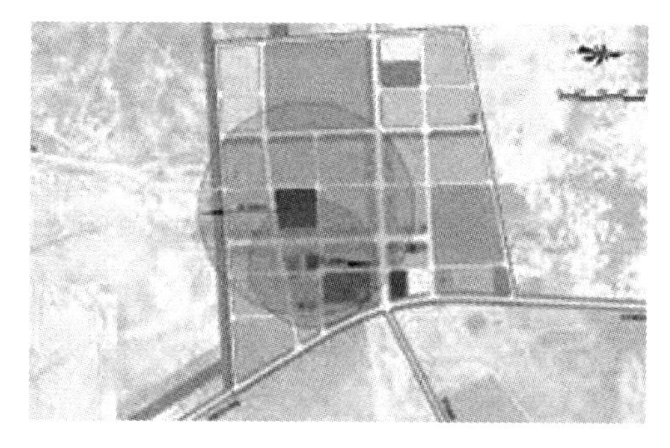

图3.4　一般型城镇道路

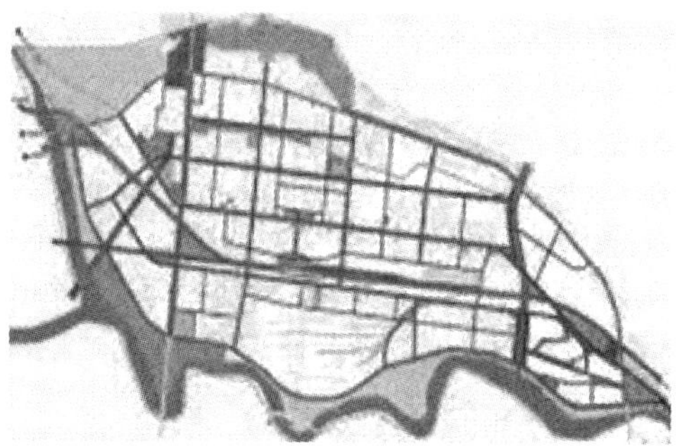

图3.5　完善型城镇道路

①稀疏型城镇道路：干路与支路的密度较小，受地理条件和经济状况限制，呈现小规模零散分布的布局，基础设施条件较差，属于城镇形成发展的初级阶段。

②街道主导型城镇道路：干路较稀疏而支路丰富，通常表现为路网曲折复杂，不规则交叉口较多，镇区整体功能较为简单，以慢行交通为主，较好地保留了当地历史印记，街巷空间更富有生活性。

③一般型城镇道路：干路与支路密度适中，属于城镇成长过渡阶段，城镇中心逐渐形成，与街巷共同配合形成多样化、蔓延式的镇区空间布局形态。

④完善型城镇道路：干路与支路建设完善，属于城镇协同发展阶段，通常城镇社会经济发展水平较高，城镇功能丰富，基础设施条件较好，镇区空间呈现组团状扩展。

(3) 城镇道路交通设计需遵循的原则。

城镇道路交通设计应遵循以下原则。

①节地化、低碳化的原则。从城镇化的角度看，城市化和机动化处于快速发展阶段，从城镇的道路交通角度看，应降低机动化速度，减少城镇用地的迅速扩张。因此要避免交通"扩容"过多占用耕地资源，防止城市蔓延的不良后果。同时，城镇道路设计要也要遵循节能环保、低碳化的原则。节能是对能源成本的控制，环保是对环境成本的控制。机动车带来的环境危害非常大，如空气污染、噪声污染、振动、扬尘等，严重影响人们的身心健康和生活质量，在城镇道路交通设计时尽量考虑低碳出行，以免对生态环境造成不良影响。

②高效化、持续化的原则。慢行优先不等于低效，慢行优先是对城镇道路交通方式的一种定位。在慢行优先的原则下，要追求舒适、便利的道路交通设计方式，这将依赖于交通服务水平的提升与交通运行效率的提升，使城镇道路交通实现高效化和持续化。例如提升公共交通服务水平，改善公交换乘环境，减少交通拥堵，提升出行环境质量等。

③人性化、特色化的原则。在城镇道路交通设计中，人性化的考量讲究的是安全、健康和公平，也是控制交通社会成本最好的手法。我国的交通事故率非常高，城镇因为慢行交通比例大，人车混杂出行现象突出，不安全因素加大，所以人性化的道路交通设计是安全出行的前提条件，均能为不同群体的不同出行目的和不同出行方式提供满意的服务。

3.2.2 城镇道路交通需求预测

在进行城镇交通需求预测时往往分为两部分：一是城镇内部交通需求预测，根据城镇土地利用规划、居住就业人口分布和道路规划情况进行分析，现多采用四阶段法进行预测；二是城镇对外交通需求预测，多是根据对外道路的近几年交通量通过回归曲线进行分析。

1. 内部交通需求特征预测分析

(1) 交通区的划分与人口分布预测。

在分析城镇各个地域人们出行的交通情况时，必须将整个城镇划分为若干个交通大区和交通小区。交通区划分遵循以下原则：①尽可能利用河流及天然分隔作为交通区的边界线;②尽可能保持主干道的完整性;③尽量保持每一交通区的单一功能,为综合处理提供方便;④兼顾现有“社会”界限,便于人口统计对照。

交通区人口的预测应根据城区现状人口和用地规划来进行,以此来确定各个交通区的概况,主要指标有区域面积、人口密度等。城镇人口集中分布的特点决定了出行中步行比例偏高,但城区用地面积的增大则预示着增加未来交通出行距离,出行方式也可能发生较大变化,而人口密度由于用地面积的扩展、居住环境的改善,变化不是很显著。

(2) 就业岗位的分布预测。

就业岗位分布反映了城镇交通吸引源的分布,各交通区的就业岗位密度和土地使用面积反映了吸引强度的大小,就业岗位密度在城区不同的区位其特征有所不同。多数就业岗位(含学校学生数)分布与人口分布情况有一定的相关性,岗位主要集中在中心区。这种与人口分布高度相关的就业分布减少了长距离出行和区间出行,有利于发展步行交通方式。

(3) 出行特征发展趋势。

①出行率。

城镇规模越小,居民出行率越高;城镇经济社会发展水平提高,居民出行率也会增加。城区面积较小,居民工作地与居住地相距较近,生活节奏缓慢,出行方便,因而人均出行率相对较高。

②出行方式。

在规划期,公共交通优先发展措施不断推进,公共交通的出行分担率将会得到大幅度提升。随着城镇机动化进程的加快,小汽车也开始逐渐进入家庭,并占有一定比例。对于小规模城镇而言,步行交通依然占据很大的比例,非机动车交通则会在保持一定数量的基础上有所下降,摩托车则由于安全、管理等方面原因,在未来数量会得到一定控制。

③出行距离。

根据调查,城镇的居民出行距离大多控制在3 km以内,在这个距离范围内步行和非机动车交通是最适宜的出行方式,占到了三分之二的比例。但随着城镇用地规模的增大,出行距离达到5 km以上时,公共交通的优势将会体现出来,随着出行方式的改变,出行特征的各方面也将随之变化。

④出行时间。

城镇的居民出行时间大多在20 min以内,伴随着城镇的发展,出行距离会相应增加,出行方式将会改变,未来的出行时间将呈明显的增长趋势,而短时间出行的比例将会下降。

2. 对外交通需求特征预测分析

对城镇来说,对外交通是至关重要的,有时能直接决定城镇的发展方向及经济增长水平。在交通需求预测中,对外交通需求预测主要是为内部道路网提供外部虚拟小区的作用。城镇的对外交通多集中在几条主要的省道或国道上，在城区对外出入口处统计交通量即可获得对外交通的现状交通量，根据近几年的交通量统计，结合城镇经济发展速度即可运用趋势增长法预测得到规划年的对外交通量。随着城镇化的发展，未来城镇的对外交通方式与现在没有太大变化，公路仍将占绝对优势，高等级公路密度有较大提高；居民对外出行比例仍比大中城市高。

3. 宜居园林式城镇道路交通规划设计的注意事项

道路交通规划设计注意事项如下。

①保障慢行优先，积极发展公共交通。城镇的道路交通在设计时应考虑以慢行优先的交通为主导，以公共交通为发展模式的理念。慢行优先是按照步行、自行车、公共交通、私人小汽车为优先次序的，这符合城镇正确分配城市道路空间资源的实际情况。

②注意慢行道路断面设计优化，建立适合慢行的城镇路网布局。城镇道路断面设计也要体现慢行的原则，为人们提供更好的步行与骑行环境，这有利于延缓出行机动化进程，促进对城镇的绿色生态环境保护。

③道路交叉口宜采用渠化设计，贯彻公交优先的原则。城镇道路的交叉口在设计时，既要保证机动车运行效率，又要确保慢行优先的原则，力争行人与非机动车安全顺畅通行。

城镇常见道路交叉口类型如图 3.6 所示。

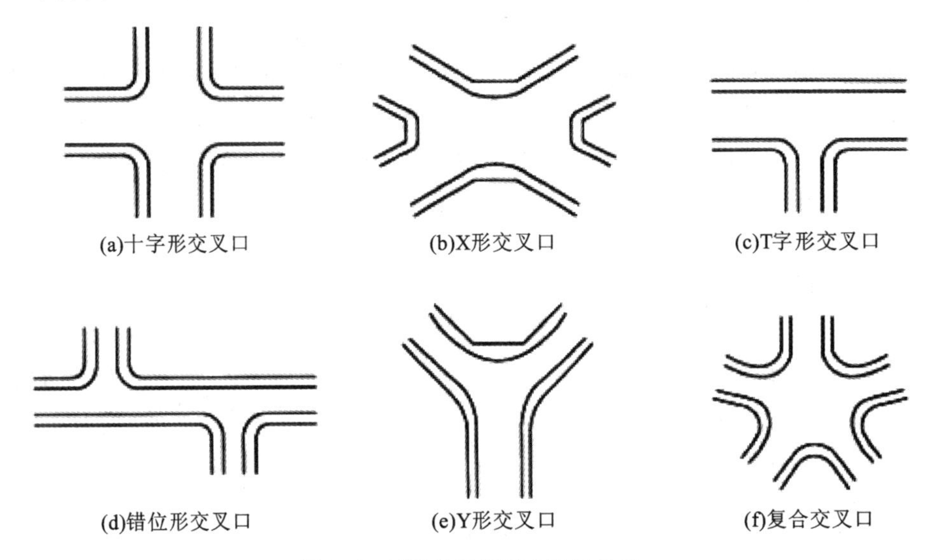

图 3.6 城镇常见道路交叉口类型

3.2.3 城镇道路交通规划优化

1. 城镇道路交通系统通用规划优化建议

对于宜居园林式城镇道路交通的优化除了满足系统性、渐进性、包容性、最小干预性、因地制宜等原则外，一般应满足下列要求。

①满足道路交通运输的需求。应根据道路交通运输的需求确定道路的用途，主次分明，相辅相成，同时应考虑城镇中的各功能区之间的连通性与协调性，共同提高城镇道路交通系统整体的效率与安全性。

②满足道路系统交通功能充分发挥的要求。应确保道路上承担的主要交通流优先，降低不同特征的交通流之间的相互干扰，同时也为交通管理创造条件，减少不同等级的道路相互重叠造成的交通组织混乱。

③满足区域特征性使用诉求。城镇的道路交通有其特殊性，例如在南方城镇，摩托车在城镇交通中占据一定比例。因此要科学合理地规划摩托车交通系统，提高路网资源的利用率，保障车辆应有的通行权。这样一方面使摩托车交通系统形成一个较为独立的子系统；另一方面能充分挖掘小街小巷的交通潜力，使摩托车流量在路网中均衡分布。

④满足城镇宜居的要求。城镇在规划道路系统时，居住环境的考量也应是其中一项标准。例如在通风方面，北方城镇的道路规划标准应以冬季风向为主导；南方的风向较为稳定，其规划标准应以夏季风向为主导。此外，在对靠近水路的道路设计标准中，应当尽量避免临水规划道路，同时应当相应地规划一些垂直岸线道路。

⑤结合城镇实际环境条件，科学规划道路网走向。城镇往往存在较多的地形、地质及水文条件综合出现的情况，这就为城镇道路交通系统的规划带来一定的难度。城镇道路交通系统规划不仅要满足运输要求，还需考虑当地的地形、地质及水文条件因素，同时与现有的大型建筑物、临街建筑等城镇内建筑因素相联系。

⑥满足城镇整体美观要求。城镇的道路交通系统应与城镇中其他建筑物、绿化等一同构成城镇的整体景观。因此，在道路规划中，整体美观要求也是不容忽视的一项。道路交通系统规划应与周边的建筑物与景致相融合，还应关注道路周边的色彩搭配与道路基础设施的契合度，努力规划与建设美观、大方、功能性强的城镇道路交通系统。

2. 道路交通具体优化方案

(1) 全面规划设计。

城镇的道路交通需要通过各个层次的规划来实施，除将交通和土地等方面整体进行设计外，还要考虑到城镇实际情况，根据道路交通现状有效地解决目前存在的问题。同时，还要考虑规划的实施效果，通过科学的规划来对城镇的道路交通进行设计，对机动车和慢行、私人、静态等交通形式进行合理的设计，使交通能够得到统一规划，还要对人口数量、经济情况、管理情况等进行综合考虑，这样才能使城镇的道路交通规划有更好的效果。

(2) 改善交通情况。

①减少穿镇公路造成的干扰。

城镇道路中的功能具有不明确的特点，因此道路交通系统需要全面考虑过镇交通、出入镇交通以及镇内交通等，这就需要对公路进行合理的规划，对路段的划分进行严格的管理，对交通急性断面改造和管理。将机动车、非机动车以及行人行进等进行全面的规划，使穿镇公路的出入口得到控制，同时将平面的交叉口间距进行调整，对违规的道路设置进行整改。

②完善镇区路网结构。

城镇道路系统具有等级低、自由式道路多的特点，因此应加快镇区路网建设，完善主次干路网，加强支路、巷路贯通，打通断头路，改善拥堵点，消除“瓶颈路”、“卡脖子”路段，提高路网整体通行水平。同时需要整治街巷空间，梳理步行街巷体系，保留生活性、商业性等各类街巷空间肌理，营造宜居街巷氛围。最终完善镇区道路非机动车和步行系统建设，解决行人与非机动车共道，机动车、非机动车混行等突出问题。

③修缮道路路面。

调查发现，城镇道路普遍存在路面质量差、道路边缘不明确、车道宽度过宽等问题。城镇道路交通整治中应明确道路规划红线，确定道路边缘并合理设置车道宽度。修缮破损路面、整治低洼路面，确保路面硬化平整、排水通畅无积水。路面设置的各种井盖应保持齐备完好，出现松动、破损、移位、丢失时，必须及时加固、更换、归位和补齐。

④提升停车设施。

为解决城镇停车资源不足问题，应充分挖掘路外与路内停车空间：路外在确保消防通道畅通的前提下利用边角空地、房前屋后、小区空地、单位内部空地设置机动车停车位，满足刚性需求；路内停车作为路外停车的补充，应处理好与机动车、非机动车和行人交通的关系，保障各类车辆和行人的通行和交通安全。科学设置路内停车位，平衡路外停车、路内停车与道路通行的关系。在完善停车设施和视频监控设施建设的同时，加强停车管理，可根据停车需求和管理要求设置限时段停车位或限时长停车位，仅允许机动车在特定时段停放或在规定时长内停放，如晚上允许停放、白天禁停，平峰时段允许停放、高峰时段禁停等。

(3) 优化慢行系统。

①提倡慢行优先。

倡导城镇慢行优先，改善城镇慢行交通环境，保障慢行交通通行空间和交通安全，提升慢行交通路质量。完善非机动车和行人的过街通道，建设系统、连续的非机动车道网络。现状慢行空间不足时，可通过优化交通组织、设置单向交通、缩减机动车车道数或宽度等方式增加慢行空间，促使驾驶员谨慎驾驶。穿镇公路城镇段可利用加宽路肩或边沟加盖等方式增设侧分隔带、非机动车道和人行道，减少非机动车和行人对机动车行驶的干扰，保障非机动车和行人通行空间。

②规范慢行系统建设。

人行道和非机动车道应连续顺畅、平整无积水，人行横道两端不得有妨碍行人通行的障碍物，如绿化带、护栏等。在视距受限制的路段、急弯、陡坡等危险路段和车行道宽度渐变路段，不应设置人行横道，保障步行空间的连贯畅通。

3. 优化方法

(1) 供给需求协同。

①增控并行的交通供给增加。

应在适度增加交通供给、增强城镇现有道路通行能力的目标下优化道路交通系统供给水平，合理调节改善重点路段的通行能力，控制整体道路交通供给量。一方面，根据城镇道路交通现状问题分析梳理，有针对性地修复与补充道路资源，提高城镇道路交通系统容量，恢复城镇道路高效灵活的通行能力；另一方面，在进行道路交通系统优化时，需要针对城镇整体情况进行分析与评估，通过对道路交通系统供给的控制与调整，合理约束城镇居民的出行方式，从而影响居民个人的交通行为。最终提高道路交通系统运行效能，使居民按自身利益最优原则选择出行方式及路线，形成城镇道路交通系统整体利益最优的局面。

②用地协同的交通需求调整。

城镇土地利用模式与道路交通模式之间存在着客观的互动机制：一方面，不同的土地利用性质、布局、规模和开发强度，决定了不同的道路交通需求与结构；另一方面，道路交通需求和结构通过影响城镇居民不同的出行方式与行为，影响城镇的用地布局、形态和土地价值。所以在城镇道路交通系统的优化中，需从土地利用与道路交通协同修补的角度出发，结合用地开发和布局的调整，从而改善局部区域内过多的交通量。

(2) 道路网络修复。

①道路等级配置优化。

城镇道路网络是指城镇范围内由不同等级、功能以及区位的道路，以一定密度和适当形式而组成的功能网络。对城镇道路网络修复与优化时，需重点考虑不同功能等级的道路与整体道路交通发展的适配性，通过道路等级配置优化满足居民各类出行需求。城镇道路网络优化中应按照主干路、次干路、支路三级道路等级进行，城镇道路等级配置优化表见表3.2。在构建城镇干路道路结构的同时，更注重支路网络的优化，以此强化整个系统的舒适性与安全性。在优化三级道路级配的同时，考虑城镇居民的慢行交通需求，兼顾巷道的修复与补充，实现城镇道路交通系统的微循环之美。

表3.2　城镇道路等级配置优化表

道路等级	功　　能	优化目标
主干路	集散性功能	城镇各用地之间的主要客货运交通，贯通城镇的主要交通廊道，连接城镇各主要部分或片区组团、过境公路以及对外交通设施，与次干路或少量较大的支路相连

续表

道路等级	功　　能	优 化 目 标
次支路	集散性与服务性功能	城镇内部区域或组团间联络的交通干线，在汇集支路交通的同时疏解主干路的出入交通
支路	服务性功能	次干路和巷道的连接线，用于局部地区人流及车流的通过，并禁止过境交通
巷道	服务性功能	居住区、公共服务区等区域的内部道路或各建筑之间的通道，主要供居民步行及少量非机动车的通行与集散

此外，在道路等级配置优化的基础上应通过对道路网密度这一指标的控制，来实现城镇道路交通系统优化。道路网密度的合理性对城镇道路交通系统的运行效率具有重要的影响，城镇道路网络规划技术指标见表 3.3。城镇干路密度过大，会导致次级道路功能萎缩和支路构成的微循环系统消失，交通量在少数干路上过分集中；而干路密度过小，则导致低等级道路承担区域间的交通集散功能，机动车在低等级道路上加速行驶，会影响城镇居民的安全。新旧镇区道路网密度规划技术指标见表 3.4。

表 3.3　城镇道路网络规划技术指标

城镇人口规模/万人	道路密度/(km/km^2)		车速控制/(km/km^2)	
	干路	支路	干路	支路
大型(>5)	3～4	3～5	40	20
中型(1～5)	4～5	4～6	40	20
小型(<1)	5～6	6～8	20	20

表 3.4　新旧镇区道路网密度规划技术指标

类　　型	道路网密度/(km/km^2)			干支路比例
	干路	支路	总计	
旧镇区	3～5	6～10	9～15	1∶2
新镇区	4～5	5～8	9～13	1∶1.5

②整体与局部路网修复。

在修复城镇道路网络方面，首先从整体出发，在保持现状整体路网的前提下，结合城镇自然地理条件及未来发展趋势，合理选择路网结构形式，修复城镇路网整体结构，城镇路网结构分类见表 3.5。

表3.5　城镇路网结构分类表

路网类型	图　式	特　征	优缺点	适用情况
方格网式		道路直线整齐，呈方格网状	经济紧凑，布局严整简洁，交通组织简单便利，交通机动性与方向性好，路线选择丰富，但交通分散且主次功能不明确，对角交通联系不便，且绕行距离较长	平原城镇
放射环式		由放射干道与环形干道组成	与内部交通联系便利，通达性较好，且易于结合城镇的自然地形与现状，但机动性较差，易造成中心区拥堵	
自由式		布置，道路弯曲自然，无一定规律	结合自然地形，减少道路施工量及建设投资，但道路弯曲、方向多变，易形成不规则地块与交叉口，影响管线布置	山地城镇
混合式		前三种形式组合而成	吸收三种形式的优缺点，因地制宜组织城镇道路交通	各类城镇

在城镇局部道路网络修复上，注重对“断头路”及低标准道路的修复。针对“断头路”对道路贯通的阻隔，通过连接并打通道路末端、修复局部缩窄的“蜂腰”路段，改造更新低标准道路，修复并利用城镇的交通微循环系统，从而发挥道路资源的效能，实现城镇局部交通的安全便利与畅通有序。

此外，对于城镇化进程明显、镇区规模发展迅速、交通量增大的城镇，重点修复解决过境公路穿越城镇的问题，减少过境交通对镇区的交通干扰。根据城镇空间发展阶段和特点，选择合适的方式修复过境公路与镇区内部道路的衔接，协调城镇发展与过境通道的布局，采取合理手段改变过境道路的性质与功能，使过境交通与镇区内部交通有效分离，减少对城镇发展的阻隔与分割。

③冲突交叉口调整。

作为道路交通转向、分流的节点，交叉口由于无法设置物理隔离，人车交通流汇集一处而造成拥堵。解决方法应从系统的观点出发，进行交通调查，以确定问题节点，采用小规模、渐进式的交通工程措施和交通管理对城镇交叉口进行修复调整和协调控制，将原本拥堵连续的交通流分割成多股不同车流和不同出行方式，既可改善交叉口环境、提升交通运行效率，又能保证出行安全，尽可能地减少人、车的相互干扰而引起的延误。城镇道路交叉口优化示意图如图 3.7 所示。

(a)主线分离式平面交叉口优化示意图

(b)展宽式交叉口优化示意图

图 3.7　城镇道路交叉口优化示意图

在空间上，应根据交叉口交通流量及流向现状，合理调整宽度，重新分配进出口的车道功能和宽度。同时针对具体情况，通过导流岛及交通标线等渠化交通手段分隔和控制冲突的人流与车流，使其按规定路线行进，从而满足平面交叉的基本要求，并保证合适的视距三角形。

在时间上，应对城镇已有信号灯的交叉路口进行优化，详见表 3.6。根据现状交叉口交通量、转向流量大小及未来变化趋势优化信号灯配时，提升车辆通行效率。同时根据城镇规模、道路等级以及具体交通需求，在城镇交通流量较大路段考虑信号灯的适当布置，以减少交通的交织和冲突。

表 3.6　城镇道路交叉口形式推荐表

城镇规模等级	相交道路	主　干　路	次　干　路	支　　路
特大、大型	主干路	B/C/D	C/D	D
	次支路	C/D	D/E	E
	支路	D	D/E	E
中型	主干路	C/D	D/E	D/E
	次支路	D/E	E	E
	支路	D/E	E	E
小型	次支路	—	D/E	E
	支路	—	E	E

注：B 为展宽式信号灯管理平面交叉口；C 为平面环形交叉口；D 为信号灯管理平面交叉口；E 为不设信号灯的平面交叉口。

此外，对于城镇自发形成的错位、畸形（道路交叉角度小于 45°）或多岔路口，近期通过合理的空间修复措施保证交叉口畅通、有序；远期发展可在建设资金、城镇发展等制约因素允许的条件下合理确定改造规模，小范围内重新组织布置道路线型及交叉口形式，以提升城镇道路交通系统性能，扩大规模。

④道路断面及环境整治。

由于城镇规模较小、用地布局紧凑以及居民出行距离短等，在道路断面的修复中应充分考虑城镇自身特色与交通特征，避免简单模仿和套用大城市道路断面形式，在现状断面基础上进行修复及功能补充。在修复中注重针对道路两侧用地性质及其产生的交通流特性，来确定断面的交通、生活、商业、景观等功能类型，并考虑道路等级、绿化景观、公交站台等布置要求，在原断面的基础上科学调整和修复道路断面的各组成要素，城镇道路断面推荐见表 3.7。

表 3.7　城镇道路断面推荐

人口规模/万人	道路类型	车道数	单车道宽度	非机动车道宽/m	红线宽
>1～2	主干路	3～4	3.5	3.0～4.5	25～35
	次干路	2～3	3.5	1.5～2.5	16～20
	支路	2	3.0	1.5	9～12
0.5～1.0	干路	2～3	3.5	2.5～3.0	18～25
	支路	2	3.0	1.5 或不设	9～12
0.3～0.5	干路	2	3.5	2.5～3.0	18～20
	支路	2	3.0	1.5 或不设	9～12

在城镇道路断面的修缮整治中，应根据居民的出行特点尽量减少物理上的分隔，以相对占地少、投资小、通行效率高的一块板或两块板的布置形式为主，根据交通流量合理调整各车道宽度和功能，使道路断面得到高效的利用。

此外，在城镇道路断面的修复中应针对城镇发展态势和交通需求增长坚持整体统筹、远近结合、逐步实施的修补手段。近期修复以提高交通效率为主要目标，同时考虑城镇远期发展，既降低近期修复改造中的交通干扰，节约建设成本，又减少远期断面改造的工程量，实现城镇道路交通系统的可持续发展。

(3) 交通设施修补。

①停车设施扩增。

通过调查、分析并总体把握城镇停车需求，在城镇中心区外围以 200～300 m 的服务半径内，按照就近原则寻找近期可启动实施的存量地块，补充停车场地，如图3.8所示。建议在支路或次干路上分开设置进出口，以此减少机动车对城镇中心区和主干路的交通干扰。另外，可通过适时开放商场、办公楼、政府单位等的内部停车场，实现停车资源共享和错峰停车。同时在建设条件允许情况下，适当挖掘增设如公园绿地等城镇可利用资源的地下停车场；还可在保留城镇道路交通通道及不影响周边地块交通进出的情况下，适当增设路边停车带。在次干路、支路等灵活设置平行式或斜列式的单双侧停车带，道路条件规范见表 3.8，通过规范停车设施，降低乱停车对城镇道路交通的干扰，从而保障交通秩序和提高通行效率。

(a)新建停车场

(b)商场配套停车场

(c)路边停车场

图 3.8 停车设施扩增方法示意图

表 3.8 城镇允许停车的道路条件规范表

道路类别		道路宽度	停车状况
道路	双向道路	12 m 以上	允许双侧停车
		8～12 m	允许单侧停车
		不足 8 m	禁止停车
	单行道路	9 m 以上	允许双侧停车
		6～9 m	允许单侧停车
		不足 6 m	禁止停车
巷弄		9 m 以上	允许双侧停车
		6～9 m	允许单侧停车
		不足 6 m	禁止停车

②公交设施修补。

根据相关研究经验，人口在 5 万人以下的城镇难以提供常规公交服务，而镇区人口大于 5 万人的城镇，发展公共交通比其他交通方式在社会效益、经济效益和环境效益上都具有明显优势。所以对于适宜发展公共交通方式的城镇，在道路交通系统优化时需有重点地修复与补充公共交通短板。根据城镇实际交通出行需求，重点补充镇际间、城镇中心及对外交通枢纽的公共交通联系，适当提高公交线网密度与站点覆盖率，鼓励使用无轨电车，并合理根据服务半径和所在地区的用地条件补充设置公交站场。

③交通标识增补。

交通标识包括体现空间路权的交通标志、地面标识和体现时间路权的信号灯等，这些往往是城镇道路交通建设忽视的地方。所以，针对城镇缺失的交通标识，结合道路线形、交通现状、沿路设施等特点有的放矢地进行增补，弥补人为交通管理在时间和空间上的间断性与局限性，提高城镇道路通行能力和交通运行效率，提高道路交通的安全性和出行的舒适性，以及降低交通的能耗，从而维持城镇道路交通系统的高效运作。

④其他设施补充。

考虑到城镇自身发展的独特性，在交通设施的优化中需根据实际短板有针对性地进行补充，如人口集聚程度较大的城镇可有针对性地补充客运枢纽设施，商贸及工业发达的城镇可考虑物流中心的设置和货运流线的组织，经济发达、机动化程度较高的城镇可增补集公共交通、交通管理、应急指挥、货物运输、电子运输于一体的智能交通系统(intelligent traffic system，简称 ITS)等。

(4) 慢行交通方式还原。

以非机动车和步行为主的慢行交通方式具有占用空间小、出行速度低、出行距离短和自由性强的特点，是城镇在机动化前普遍采用的主要出行方式，同时也承担了更多的社会交往功能。而机动化发展导致城镇在道路交通建设中忽视了慢行系统的发展，所以在修补道路交通系统时，需采取必要的措施，考虑居民多样化的出行需求和社会需求，整合织补并进一步还原慢行交通方式。

①非机动车系统修复。

修复城镇的非机动车系统，可以为非机动交通提供安全的行车环境(见图 3.9)。一方面，整合城镇内可使用的非机动车道路资源，串联成可达性较好的网络系统，在一定程度上替代机动化出行，促进道路资源的集约化利用；另一方面，修复非机动车出行的骑行环境，通过在非机动车道及过街通道上画线、有色铺装和设置专用信号灯等措施，避免非机动交通与机动车发生冲突，同时在城镇生活服务性路段采用缩小交叉口空间、设置减速带或减速桩等交通稳静化处理方式，提升非机动车交通环境质量。

(a)路面标识（一）

(b)路面标识（二）

图 3.9 非机动车道画线示意图

②步行街巷网络织补。

支路与巷道组成的步行街巷，是城镇道路交通系统的毛细血管，也是慢行交通出行方式的重要载体。步行街巷往往连接城镇居住、商业和公共服务等主要功能地块，其断面尺度不宽，线形曲直结合，利于城镇居民的日常社会交往，所以在道路交通系统优化中需要慎重对待原有步行结构体系的保留与改造。

a. 重塑步行街巷。城镇的步行街巷在机动化交通的冲击下逐渐被肢解，在对城镇步行街巷的修补中，首先需理顺原有的步行街巷空间，根据居民需求逐渐打通“断头式”的步行路径，强化车行道两侧步行通道的修复工作，整合城镇整体步行街巷资源；同时还应修复步行设施。其次重点完善城镇中各路口的步行过街环境，通过增加行人横道线、路段行人信号灯等方式修复缺失的步行设施。

b. 织补网络体系。完善破碎化的步行空间，将街巷与绿道、滨水步道等慢行空间有机串联，恢复片区乃至城镇整体的步行网络结构体系，使城镇的社会活动具有较好的承载空间，并使各类公共空间通过步行网络体系实现较好的可达性。

3.3 城镇基础设施内涵

3.3.1 城镇基础设施的作用

城镇基础设施的作用如下。

（1）基础设施是城镇发展与城镇体系形成及完善的基本要素。

城镇与大中小城市协调发展是符合我国国情的城镇化道路。这不仅要求必须加快提高我国的城镇化水平，使更多的农业富余劳动力和具备条件的农村居民转入城镇就业和定居，也要求因地制宜，完善各级城镇体系。而交通、通信、水、电等区域基础设施的合理布局和建设，形成城镇发展联系的经济与基础设施的轴线、走廊与网络，是城镇发展与城镇体系形成及完善的基本要素。

（2）基础设施是城镇发展的载体。

基础设施是城镇经济不可缺少的组成部分，是城镇赖以生存和发展的重要基础条件，同时也是提高城市综合竞争力的基础平台。基础设施状况标志着一个城镇产业的水平。拥有完善的基础设施，可以吸引和培育高技术、高附加值的产业，持续创造更多的价值。

（3）基础设施是实现生态城镇的支持系统。

生态城镇建设的科学内涵体现在以下几个方面：①高质量的环保系统；②高效能的运转系统；③高水平的管理系统；④完善的绿地系统；⑤高度发达的社会文明和较高生态环境意识。从其内涵可见，生态城镇的建设主要由城镇基础设施建设来实现。

（4）基础设施促进城镇社会经济发展。

基础设施的高标准、高水平、超前建设是城镇经济、社会快速发展取得成功的主要经验之一。若只顾及眼前利益，基础设施低起点、低标准、低水平，布局不合理，配套不完善势必会影响城镇经济、社会发展，带来交通、通信不畅，水电供应困难，环境污染严重等一系列问题，甚至导致基础设施短期勉强维持，长期无发展、难治理的被动局面。

（5）基础设施缩小城镇与城市的差距。

由于交通和通信基础设施的高度发展，城镇时空距离缩短，以及各类基础设施、配套服务设施的高度完备，城镇建设与城市的差距将逐渐缩小。

3.3.2　城镇基础设施的特点

我国城镇基础设施建设发展很不平衡，不同地区城镇基础设施差别很大。东部沿海经济发达地区的城镇基础设施建设颇具规模，有的甚至接近邻近城市水平。然而边远地区的城镇基础设施却很难满足基本的生活要求，分析产生差异的原因可归结为以下几方面。

（1）分散性。由于我国城镇分布面很广，也很分散，特别是一些分布在山区、僻远地区的城镇，依托区域和城市基础设施的可能性很小。城镇基础设施的分散性是城镇基础设施规划复杂性及区别于城市基础设施规划的主要因素之一。

（2）明显的区域差异性。城镇基础设施的明显的区域差异性主要包括城镇基础设施现状和建设基础的差异，相关资源和需求的差异，设施布局和系统规划的差异，以及规模大小和经济运行的差异。城镇基础设施的区域差异性也是城镇基础设施规划复杂性及区别于城市基础设施规划的主要因素之一。

（3）规划布局及其系统工程规划的特殊性。我国城镇基础设施的规划布局及其系统工程规划，就规划整体和方法而言，与城市基础设施的规划布局及其系统工程规划有较大不同。就城镇基础设施的规划布局而言，城镇分布不同、形态各异，有多种不同的规划布局与方法，采用单一的规划布局和规划方法，不但投资、运行很不经济，而且也会造成很大的资源浪费。城镇基础设施的一些单项设施系统也因其城镇的分布不同形态各异，城镇单项基础设施工程不一定是一个完整的系统。对于较集中分布的城镇，一个城镇的单项基础设施往往属于一个较大区域的单项基础设施系统，而不是一个完整的单项设施系统。如上述一个城镇的给水设施，需要配置的往往只是配水厂以下的系统设施，而配水厂以上的给水设施则是在一个相邻区域范围统筹规划布局的共享设施。与城镇基础设施不同，城市基础设施的规划布局及其系统工程规划中的单项基础设施系统多为一个完整的组成系统，除区域大型电厂等重大基础设施在区域统筹规划布局之外，主要系统设施多在城市规划区范围内布局、配置。

3.3.3　城镇基础设施的发展

城镇基础设施发展现状如下。

①全国城镇给水工程设施发展较快，有一定基础，但发展不平衡，集镇供水设施普及率较低，城镇给水工程设施整体水平不高。

②城镇排水设施投资普遍很小，导致城镇基础设施的整体水平普遍不高，城镇排水和污水处理设施处于相当落后的水平。

③我国电力工业发展较快，随着国家电网、地方电网和农村电网的不断扩大，我国城镇用电大多数已经解决，供电工程建设大多有一定基础，但也存在较多问题。

④我国城镇通信工程设施已建有一定基础，特别是县驻地镇通信能力有很大提高。传输落后、宽带不足是制约城镇通信发展的主要问题。与此同时，城镇广播电视网络已初步建成。

⑤我国大多数城镇环境卫生工程设施基础十分薄弱，整体现状水平相当落后。城镇环境卫生工程设施是加强城镇基础设施建设、改变城镇“脏、乱、差”面貌的另一个突出重点。

总之，城镇基础设施规划应充分结合城镇实际，但又适当考虑基础设施的超前发展；在需求预测上选择合理的超前系数，在规划建设上选择合理的水平，同时积极采用新技术、新工艺、新方法。

3.4 城镇基础设施规划设计

3.4.1 城镇基础设施体系的功能

城镇基础设施主要由城镇的给水、排水、供电等工程系统构成。各工程系统有完整的体系，发挥着各自的功能。

(1) 城镇给水工程系统的构成与功能。

城镇给水工程系统包括取水工程、净水工程、输配水工程三部分。取水工程包括选定水源、取水口、取水构筑物，以及取水口提升至水厂的一级泵站等设施；净水工程包括自来水厂、净水输送的二级泵站等设施；输配水工程包括输、配水管渠和管网，以及调节水量、水压的高位水池、水塔、清水池、增压泵站等设施。

(2) 城镇排水工程系统的构成与功能。

城镇排水工程系统由城镇雨水排放系统和污水处理、排放系统组成。雨水排放系统包括雨水的汇集和排放两部分。雨水汇集包括雨水管渠、汇集口、检查井、提升泵站等设施；雨水排放主要是出水口和排涝浆站以及为确保雨水排放而设置的水闸、泵站、堤坝等设施。雨水排放系统的功能是及时收集与迅速排除镇区的降水，抗御洪水、潮汛水的侵袭。污水处理、排放系统包括污水管道、检查井、污水提升泵站、污水处理厂和污水排放口。污水处理、排放系统的功能是收集、处理和综合利用城镇各种生活污水、生产废水，妥善排放处理后的水环境。

(3) 城镇供电工程系统的构成与功能。

城镇供电工程系统由城镇电源工程和输配电工程组成。城镇电源工程主要包括区域或本地变电站。输配电工程包括城镇各种电压等级的输送电线路、配电网(含管道、电缆)、配电所(站、室)等。城镇供电工程系统承担着向城镇输送高能、高效、卫生、可靠的电力的功能。

(4) 城镇通信工程的构成与功能。

城镇通信工程系统由邮政系统、电信系统、电视系统等组成。邮政系统通常有邮政局以及报刊门市部等设施。电信系统包括无线电通信系统(含微波、移动电话、无线寻呼)和有线电话系统;无线电通信系统有微波站、移动电话基站、无线寻呼等设施;有线电话系统的局、所工程主要是交换中心,电话网工程包括光缆、电缆、管道、电话接线箱等设施。电视系统包括有线电视系统和无线电视系统。有线电视系统主要是线路工程,包括光缆、管道、电缆等。城镇通信工程系统承担着城镇各类信息的传递、咨询及邮件输送功能。

3.4.2 城镇基础设施规划的内容

城镇基础设施规划的内容如下。

(1) 城镇给水工程规划的内容。

城镇给水工程总体规划的主要内容包括:①确定用水量标准,预测城镇总用水量;②平衡供需水量选择水源,确定取水方式和位置;③确定给水系统的形式、水厂供水能力和厂址,选择处理工艺;④布局输配水干管输水管网和供水重要设施,估算干管管径;⑤确定水源地卫生防护措施。

城镇给水工程详细规划的主要内容包括:①计算用水量,提出对水质、水压的要求;②布局给水设施和给水管网;③计算输配水管渠管径,校核配水管网水量及水压;④选择管材;⑤进行造价估算。

(2) 城镇排水工程规划的内容。

城镇排水工程总体规划的主要内容包括:①确定排水制度;②划分排水区域,估算雨水、污水总量,制定不同地区污水排放标准;③进行排水管渠系统规划布局,确定雨污水主要泵站数量、位置以及水闸位置;④确定污水处理厂数量、分布、规模、处理等级以及用地范围;⑤确定排水干管渠的走向和出口位置;⑥提出污水综合利用措施。

城镇排水工程详细规划的主要内容包括:①对污水排放量和雨水量进行具体的统计计算;②对排水系统的布局、管线走向、管径进行计算复核,确定管线平面位置、主要控制点标高;③对污水处理工艺提出初步方案;④尽量在可能条件下,提出基建投资估算。

(3) 城镇供电工程规划的内容。

城镇供电工程总体规划的主要内容包括:①计算供电负荷;②选择城镇供电电源;③确定城镇变电站容量和数量;④布局城镇高压送电网和高压走廊;⑤提出城镇高压配电网规划技术原则。

城镇供电工程详细规划的主要内容包括:①计算用电负荷;②选择和布局规划范围内变配电站;③规划设计 10 kV 电网;④规划设计低压电网;⑤进行造价估算。

(4) 城镇通信工程规划的内容。

城镇通信工程总体规划的主要内容如下。①依据城镇经济社会发展目标、城镇性质与规模及通信有关基础资料，宏观预测城镇近期和远期通信需求量，预测与确定城镇近、远期电话普及率和装机容量，研究确定邮政、移动通信、广播、电视等发展目标和规模。②依据城镇总体布局，提出城镇通信规划的原则及其主要技术措施。③研究和确定城镇通信网近、远期规划，确定城镇通信网络传输方式、长途局规模的选址、长途局与市话局之间城市中继方式。④研究和确定城镇电话本地网近、远期规划，确定市话网络结构、汇接局、汇接方式、模拟网、数字网综合业务等向数字网过渡方式，拟定市话网的主干路规划和管道规划。⑤研究和确定近、远期邮政、电话局所的分区范围、局所规模和局所地址。⑥研究和确定近、远期广播及电视台、站的规模和选址，拟定有线广播、有线电视网的主干路规划和管道规划。⑦划分无线电收发信区，制定相应的保护措施。⑧研究和确定城镇微波通道，制定相应的控制保护措施。

城镇通信工程详细规划的主要内容如下。①计算规划范围内的通信需求量。②确定邮政、电信局所等设施的具体位置、规模。③确定通信线路的位置、敷设方式、管孔数量、管道埋深等。④划定规划范围内电台、微波站、卫星通信设施控制保护界线。⑤估算规划范围内通信线路造价。

(5) 城镇燃气工程规划的内容。

城镇燃气工程总体规划的主要内容包括：①预测城镇燃气负荷；②选择城镇气源种类；③确定城镇气源厂和储配站的数量、位置与容量；④选择城镇燃气输配管网的压力级制；⑤布局城镇输气干管。

城镇燃气工程详细规划的主要内容包括：①计算燃气用量；②规划布局燃气输配设施，确定其位置、容量；③规划布局燃气输配管网；④计算燃气管网管径；⑤进行造价估算。

(6) 城镇供热工程规划的内容。

城镇供热工程总体规划的主要内容包括：①预测城镇热负荷；②选择城镇热源和供热方式；③确定热源的供热数量和布局；④布局城市供热重要设施和供热干线管网。

城镇供热工程详细规划的主要内容包括：①计算规划范围内热负荷；②布局供热设施和供热管网；③计算供热管道管径；④估算规划范围内供热管网造价。

(7) 城镇环境卫生设施工程规划的内容。

城镇环境卫生设施工程总体规划的主要内容包括：①测算城镇固体废弃物产量，分析其组成部分和发展趋势，提出污染控制目标；②确定城镇固体废弃物的收运方案；③选择城镇固体废弃物处理和处置方法；④布局各类环境卫生设施，确定服务范围、设置规模、设置标准、运作方式、用地指标等；⑤进行可能的技术经济方案比较。

城镇环境卫生设施工程详细规划的主要内容包括：①估算规划范围内固体废弃物产量；②提出规划区的环境卫生控制要求；③确定垃圾收运方式；④布局废物箱、垃圾箱、垃圾收集点、垃圾转运站、公厕、环卫管理机构等，确定其位置、服务半径用地、防护隔离措施等。

(8) 城镇工程管线综合规划的内容。

城镇工程管线综合总体规划的主要内容包括:①各种管线的干管走向、水平排列位置;②分析各种工程管线分布的合理性;③确定关键点的工程管线的具体位置;④提出对各工程管线规划的修改建议。

城镇工程管线综合详细规划的主要内容包括:①检查规划范围内各专业工程详细规划的矛盾;②确定各种工程管线的平面分布位置;③确定规划范围内道路断面和管线排列位置;④确定道路交叉口等控制点工程管线的标高;⑤提出工程管线基本埋深和覆土要求;⑥对各专业工程提出详细规划的修正意见。

3.4.3　城镇绿色基础设施规划

(1) 绿色基础设施的概念。

绿色基础设施的概念起源于 20 世纪 80 年代的欧美国家,绿色基础设施以一种与自然环境发展相一致的方式寻求土地保护与发展并重的模式,绿色基础设施提供了一个用来引导未来增长、未来土地开发及土地保护决策的框架。绿色基础设施是指具有内部连接性的自然区域及开放空间的网络,以及可能附带的工程设施,这一网络具有自然生态体系功能和价值,为人类和野生动物提供自然场所,如作为栖息地、净水源、迁徙通道,它们总体构成保证环境、社会与经济可持续发展的生态框架。与传统的基础设施相比,它们是有生命的、有机的、可再生的,我们把它称为绿色基础设施(green infrastructure,简称 GI)。

绿色基础设施规划是指坚持走资源节约、环境友好之路的生态之路,涵盖城镇与农村之间的各种自然化、半自然化、人工化的绿色景观和设施建设,是进一步保障社会、经济、生态可持续发展的综合性、系统化的生态框架和绿色空间网络。绿色基础设施由各种开敞空间和自然区域组成,包括地表植被、道路两边绿色公园、森林等,是一个互动联系、有机统一的网络系统。该系统可以更好地营造生态环境,美化城市环境,节约城市管理成本,并为人们提供更好的居住体验。

(2) 绿色基础设施规划的意义。

①协调性发展。

绿色基础设施规划是城乡空间建设和生态建设共同发展的开发框架,有利于城镇化的协调性发展,更有利于构建现代化都市。绿色基础设施规划作为城市绿化规划的一个整体的综合系统,应在城镇整体规划框架内发挥最大作用,所以绿色基础设施建设会对交通道路规划建设、建筑商场规划建设、住宅教育区域建设都有积极影响,进而带来效益最大化。

②保护性开发。

绿色基础设施规划是土地保护规划和土地利用规划之间的重要衔接。传统的环境保护与土地保护是局部意义上的保护。比如 A 村出现了水污染问题,就解决 A 村的问题,并没有考虑到邻村 B 村是否也存在水污染的隐患,也并没有提出针对 A 村的空气、土壤、固体废弃污染解决措施，所以传统的环境保护与资源节约治标不治本。绿色基础设施规划战略就是通过全方位的、多层次的、横纵向系统化网格框架，整合区域内所有的环境资源，统一布局，统一规划，兼顾人与自然的共同利益，最终实现自然、人文生态系统与人类开发活动的平衡发展。

(3) 绿色基础设施规划策略。

绿色基础设施是一种战略性规划和管理网络，是一个区域的生命支撑系统，是由公园、河流、行道树、农田、森林、湿地、道路等构成的网络，如图 3.10～图 3.13 所示。通过不同层次的绿色基础设施规划，可以有效达到"生产空间集约高效、生活空间宜居适度、生态空间山清水秀"的总体要求，形成生产、生活、生态空间的合理结构。绿色基础设施规划策略包括：①连接性，创建绿色空间网络；②整合性，链接绿色和灰色基础设施；③多功能性，提供多种生态系统服务；④社会包容性，提供合作与参与式规划。

图 3.10　绿色基础设施与道路交通相关联

图 3.11　绿色基础设施与水环境相关联

图 3.12　绿色基础设施与高速公路相关联

图 3.13　绿色基础设施与绿化相关联

绿色基础设施可以作为宜居园林式城镇规划建设的发展方向，从而保证城镇拥有宜居的环境，为未来几代人提供适宜的环境。

第 4 章　宜居园林式城镇环境与景观规划

4.1　城镇生态环境调查与评价

4.1.1　城镇生态环境内涵

城镇生态环境具有一定的自我组织功能，且能对区域提供稳定的调节作用。而城镇作为具有一定聚集人口的居民点，城镇生态环境不仅发挥着原有的基本功能，更多地呈现为面向居民的服务功能与支持功能，见图 4.1。

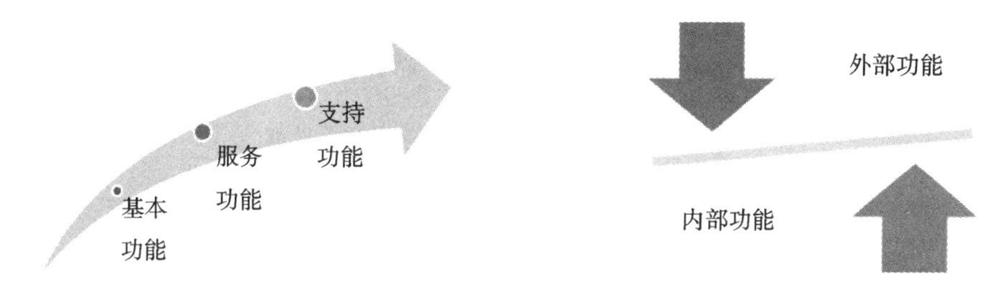

图 4.1　生态功能内涵演变

图 4.2　外部功能与内部功能平衡示意图

(1) 基本功能。

城镇生态环境的基本功能就是指其环境系统(包含子系统)所具有的功能。具体可在自我组织功能与稳定调节功能的基础上，划分为外部功能与内部功能(图 4.2)。

外部功能主要负责与其他生态环境系统保持联系，不断流通物资，以确保系统内部能量循环正常；内部功能主要负责维持系统内部的物流、能流的循环，不断反馈信息，以进一步调节外部功能。二者在相辅相成的基础上，构成了城镇生态环境的基本功能，即系统内外的物质、能量、信息及人口流量的输入、转换与输出。

(2) 服务功能。

城镇生态环境系统的服务功能就是指能够改善居民生存、生活质量的功能。这种功能通常依靠向人类提供原料、产品以及其他改善生活质量的渠道得以实现。例如，自然生态环境系统首先为居民提供了初级的资源、能源与生物多样性，再经过城镇生态环境系统的进一步加工与包装，将系统的物流、能流及信息流转化为具有更高附加值的产品进行流通。

(3) 支持功能。

城镇生态环境系统的支持功能就是指通过协调城镇与自然的相互关系，为城镇提供生态调控的功能。生态调控作用可分为两类：一是通过对人口、自然要素的把控，调节城镇的发展前景、速度、规模；二是通过支持功能自身生产能力、净化能力及还原能力，不断维护自身结构稳定与功能高效，延长服务期限。

城镇生态环境系统的支持功能多以人口生态特征、资源总量和质量、环境容量以及一定时期内可能发挥的潜力呈现。因此，若在自然状态下以上指标难以达标，可通过科学技术手段予以完善。

4.1.2 城镇生态环境现状调查

1. 调查要求

为了客观评价生态现状，合理做出发展预测，首先就要对城镇生态环境现状展开调查。调查的内容与指标应针对评价工作范围内生态的背景特征以及现存问题。城镇项目具体的调查内容可按照表 4.1 的分类进行详细规定。

表 4.1 城镇生态环境调查项目尺度分类

分　类	调查内容
中尺度	中尺度以项目所在地(县或乡)为主，在收集资料的基础上开展工作，概括性说明项目所在地的生态现状
小尺度	小尺度以项目影响范围为主，具体、详细地说明评价范围内的生态现状

2. 调查内容

(1) 城镇生态环境背景调查。

城镇生态环境的背景调查应注重空间与时间两个方面，具体调查内容包括影响区域内涉及的生态环境系统类型、结构、功能和演变历程，以及相关非生物因子的主要特征(表 4.2)。

表 4.2 生态环境背景——非生物因子主要特征调查表

对　象	调查内容
气候气象	主要气候类型、气候特点及相关气象数据，数据包括风向、风速、气温、降水、日照、能见度和大气稳定度
土壤土质	土壤类型、发育特性、剖面结构、发生层次及质地层次
地质地貌	地质岩性、矿产资源及各类矿床；山地形态、组成、高度及山脉走向；若存在水质评价，还应补充河谷形态、断面、纵剖面及河流的比降
水文地质	水文数据：流量、流速、水位、水深、含沙量及水质成分等方面的资料

(2) 城镇自然资源环境及城镇社会资源环境调查。

开展城镇自然资源环境的调查时，具体调查内容包括城镇的农业资源、气候资源、海洋资源、矿产资源、土地资源等多种资源的储藏与开发情况(见图 4.3)。

开展社会资源环境的调查时，具体调查内容包括人口、农业、非农产业的现状及管理状况。鉴于城镇拥有一定的特殊性，其社会资源环境调查内容可参照表 4.3。

(a)农业资源

(b)气候资源

图4.3　城镇自然资源环境

表4.3　城镇社会资源环境调查表

对　象	调查内容
人口	数量、组成、密度分布
农业	产值、农田面积、作物品种及种植面积、灌溉设施及方法、渔业人口数量、水产品种类及数量、畜牧业人口数量、牧业饲养种类及数量、牧场面积等
其他产业	工业结构、布局、产品种类及产量
管理状况	城镇企业布局与行业结构、工艺水平、产值、排水量、污染治理设施等
其他	经济结构、建筑密度、交通及公共设施等
经济社会发展规划调查	城镇居民生产总值、居民收入、工农业产品产量、原材料品种及使用量、能源结构、水资源利用、工农业生产布局以及人口发展规划、居民住宅建设规划、交通、给排水、煤气、供热、供电等公共设施

(3) 城镇主要生态问题调查。

城镇主要生态问题调查就是调查已经存在的制约城镇开发建设活动的生态问题，具体可分为两类：一是城镇自然灾害，调查内容包括其类型、成因、空间分布、发生特点、历史发展过程及未来趋势(图4.4)；二是城镇工业污染，调查内容包括污染源种类、成因、污染物排放情况、污染危害调查等(表4.4)。

表4.4　城镇工业污染调查表

对　象	调查内容
企业概况	名称、位置、所有制性质、占地面积、职工总数及构成；工厂规模、投产时间、产品种类、产量产值、生产水平、企业环保机构等
生产工艺	原理、流程、设备水平；生产中的污染产生环节
原材料和能源消耗	原材料和燃料的种类、产地、成分、消耗量、电耗、供水量、供水类型、水的循环率等

续表

对　　象	调 查 内 容
生产布局	原料、燃料堆放场、车间、办公室、厂区、居住区、堆渣区、排污绿化带等的位置
管理状况	管理体制、编制、管理制度、管理水平
污染物排放情况	种类、数量、浓度、性质、排放方式、控制方法、事故排放情况
污染防治调查	废水、废气和固体废物处理方法，方法来源，投资、运行情况，费用及效果
污染危害调查	污染对生物和生态系统的影响

(a)干旱

(b)荒漠化

图 4.4　城镇自然灾害

3. 调查方法

城镇生态环境现状调查方法可参见《环境影响评价技术导则——生态影响》，其中提供的方法主要如下(图 4.5)。

图 4.5 《环境影响评价技术导则——生态影响》

（1）资料收集法。

收集现有的能反映生态环境现状或生态背景的资料：从表现形式上分为文字资料和图形资料；从时间上分为历史资料和现有资料；从行业类别上分为农、林、牧、渔和环境保护资料；从资料性质上可分为环境影响报告书，有关污染监测调查，生态保护规划、规定，生态功能区划，生态敏感目标的基本情况以及其他生态相关调查资料等。使用资料收集法时，应保证资料的时效性，引用资料必须建立在仔细校验的基础上。

（2）现场勘察法。

现场勘察应遵循整体与重点相结合的原则，在综合考虑主导生态因子结构功能的完整性的同时，突出重点区域和关键时段的调查，并通过对影响区域的实际因素的勘察，核实收集资料的准确性，以获取实际资料和数据。

（3）专家和公众咨询法。

专家和公众咨询法是对现场勘察的有益补充。首先，通过咨询有关专家，收集评价范围内的公众、社会团体和相关管理部门对项目影响的意见，发现现场勘察中遗漏的生态问题。其次，专家和公众咨询应与资料收集和现场勘察同步开展。

（4）生态监测法。

当资料收集、现场勘察、专家和公众咨询提供的数据无法满足评价的定量需要或项目可能存在的或长期积累的效应时，可考虑选用生态监测法（图4.6）。

(a)　(b)　(c)

图4.6　生态环境监测调查

生态监测法是根据监测因子的生态学特点和干扰活动的特点确定检测位置与频次，进而有选择性地布点。生态监测方法与技术应符合国家现行的有关生态监测规范和检测标准分析方法；对于生态系统生产力的调查，必要时需要现场采样进行实验室测定。

（5）遥感调查法。

当涉及区域范围较大或主导生态因子的空间等级尺度较大，通过人力勘察相对困难或难以完成评价时，可采用遥感调查法（图4.7）。遥感调查过程中必须辅助必要的现场勘察工作。

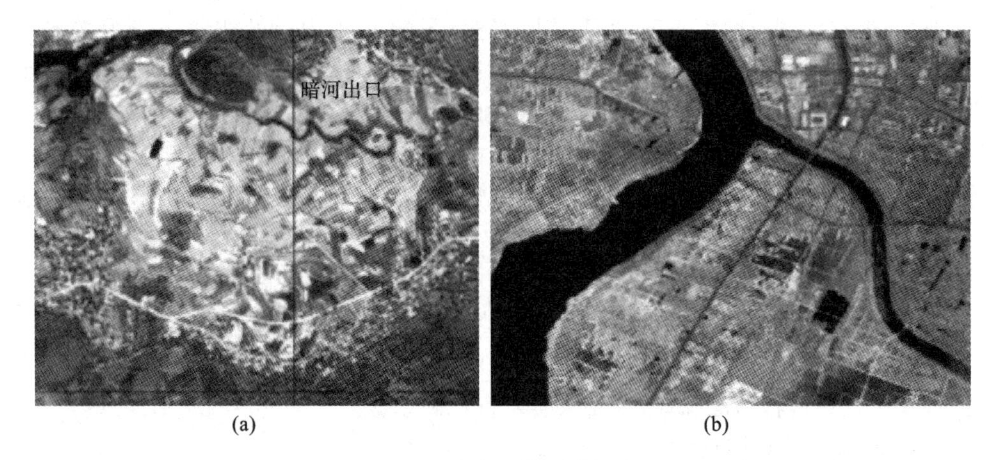

(a) (b)

图 4.7 生态环境遥感调查

4.1.3 城镇生态环境功能评价

1. 评价内容

(1) 在阐明城镇生态环境现状的基础上,分析影响区域内生态环境状况的主要成因,评价生态环境的结构与功能状况,明确生态系统面临的压力与存在的问题。

(2) 分析并评价受影响区域内动植物的现状组成与分布。

(3) 评价生态环境现状可选用植被覆盖率、频率、密度、生物量、土壤侵蚀程度、荒漠化面积、物种数量等测算值、统计值等指标。

2. 评价原则

(1) 自然资源可持续性原则。

自然资源是人类生存与发展的物质基础,人类社会的可持续发展取决于自然资源的可持续利用。因此,在对城镇现状生态环境功能进行评价时,首先应重视自然资源的保护,特别是能够带动城镇发展的自然资源的保护。自然资源总是与一定的社会条件、技术水平相联系的,所以,评价中应当运用科学的观点和可持续发展的理念对待自然资源。

(2) 环境与社会经济协调性原则。

促进环境与社会经济的协调发展是生态评价的根本目的,协调性原则主要针对生态环境保护与社会经济。从国家和民族的长远利益和整体效益出发,维持生态与经济发展的关系是协调一致的。但从短期利益和局部利益来看,二者又常常是矛盾的,甚至是冲突的。因此,在对城镇现状生态环境进行评价时,最重要的一条就是要协调矛盾与冲突,在短期利益与长期利益之间、局部利益和整体利益之间找到平衡点。

(3) 城镇与周围环境系统性原则。

城镇生态环境系统是自然生态中一个特殊环境，由于生产、生活等人类活动的需要，城镇区域环境中绝大部分物质能量的交换会产生一定的废弃物。仅仅依靠城镇自身进行调节是不够的，必须将城镇与周围环境融为一体，充分考虑城镇与其生态环境系统的共生关系，评价时也应用系统的观点从区域环境和区域生态平衡的角度评价城镇生态系统。

(4) 效益同步提高原则。

生态环境效益是经济效益的基础，也决定着经济效益的连续性；而良好的经济效益又为生态环境效益的提高提供了经济保证；社会效益反过来同样影响生态环境效益。三者相互作用、对立统一，共同促进城市生态环境系统整体效益的提高。因此，在进行生态环境质量评价时要充分关注三种效益之间的关系。

(5) 生态环境功能评价可操作性原则。

城镇生态环境功能评价是一项复杂的系统工程，涉及因素较多，涉及知识广泛，考虑指标繁多，是一项专业性和综合性要求较高的工作。它又是一项需要在全国各城镇或基层单位推广使用的评价方法。因此，城镇生态环境功能评价必须具有普适性，要让普通的环境科技工作者能够方便、有效地运用。

3. 评价方法

可采用导则、规范等推荐的列表清单或描述法、图形叠置法、生态机理分析法、景观生态学法、指数法与综合指数法、系统分析法、生物多样性定量计算方法、生态质量评价法、生态环境状况指数法等。

4.2 城镇生态环境功能修复

4.2.1 城镇生态修复的内涵

生态系统都具有自然修复的能力，包括污染物的自净化、植被的再生、群落结构的重构和生态系统功能的修复等。其理论基础主要包括生物地球化学循环、种子库理论(生态记忆)、定居限制理论、自我设计理论、演替理论、生态因子互补理论等修复生态学的基本原理。

(1) 对于污染物，生态系统通过生物地球化学循环具有自我净化的能力，例如土壤中的重金属元素可在物理、生物和化学作用下失活或转化，从而减轻重金属毒害。水资源中含砷、石油类等污染物，也可以自然衰减，降低环境风险。

(2) 对于被破坏的植被，根据定居限制理论，在生态系统修复前期可通过土壤种子库等为植被的再生提供基础，且这一能力十分突出，即使在重度损毁下依然存在着永久种子库。

(3) 对于损毁的群落结构，生态系统可利用自身修复力，通过种子库所记录的物种关系形成先前稳定的群落结构。根据自我设计理论，退化生态系统也能根据环境条件合理地形成稳定群落。

(4) 对失去的生态系统功能,虽然自然修复很难像人工修复那样定向且全面地修复每一个影响因子,但生态因子的调节性能力、因子量的增加或加强能够弥补部分因子不足所带来的负面影响,使生态系统能够保持相似的生态功能。例如,土壤中微生物的增加,可以提高营养元素的活性,从而弥补土壤肥力的不足,提高系统生物产量。

1. 城镇生态修复的定义

城镇生态修复是指利用生态平衡及物质循环的原理,对受到破坏的环境的生物生存发展状态予以改善。具体来讲,城镇生态修复就是以生态学原理为依据,利用特异性生物对污染物进行代谢,并借助物理、化学修复以及工程技术中某些强化措施,对城镇污染环境展开修复。

城镇生态修复强调当今社会中人类主体的能动性,因为在现代社会和当今生产力水平条件下,在有人类生产生活的生态系统中,只有以先进生产力为基础,充分发挥人的科学干预手段,才能尽快修复被破坏的生态系统,并使之最大限度地服务于整个社会(图 4.8)。

(a)修复前

(b)修复后

图 4.8 生态修复前后对比图

城镇生态修复的出发点和立足点是整个生态系统,是对城镇生态系统结构与功能进行的整体修复与改善。这样一种宏观的理念与思路,要求人们的思想观念、生产生活方式都要做变革,要更多地遵循自然规律、调整产业结构,提高环境人口容量,实现人与自然的和谐发展。

2. 城镇生态修复的特点

城镇生态修复是以生态学原理为基础对多种修复方式进行优化综合,因此,它具有以下特点。

(1) 生态学原理:严格遵循和谐共存、循环再生、区域分异和整体优化等生态学原理。

(2) 多学科交叉:生态修复的实施需要生态学、物理学、化学、植物学、微生物学、分子生物学、栽培学和环境工程等多学科的参与。

(3) 影响因素繁多:生态修复主要是通过植物和微生物等的生命活动来完成的,影响生物活动的各种因素也将成为生态修复的重要影响因素。

4.2.2　城镇生态修复基本原理

(1) 污染物的生物吸收与积累机制。

土壤或水体受重金属污染后,植物会不同程度地从根际圈内吸收重金属,吸收数量的多少取决于植物根系生理功能及根际圈内微生物群落组成、氧化还原电位、重金属种类、浓度、酸碱度以及土壤的理化性质等因素。

植物对重金属的吸收可能存在以下三种情形:

一是完全的“避”,究其原因,可能是植物本身就具有这种“避”的机理,可以免受重金属毒害,当根际圈内重金属浓度较低时,植物根系依靠自身的调节功能完成自我保护。

二是植物通过自身的适应性调节,对重金属产生耐受性。虽然植物吸收根际圈内重金属,本身也能生长,但根、茎、叶等器官及各种细胞器会受到不同程度的伤害,使植物生命力下降。这种情形可能是植物根对重金属被动吸收的结果。

三是某些植物体内可能存在某种遗传机理,将一些重金属元素作为其生长增殖的营养源,即使根际圈内该元素浓度过高,植物也不受伤害,超积累植物就属于这种情况。

细菌等微生物也会积累大量的重金属,且由于这些微生物难以去除,微生物死亡后重金属又会重新进入环境,并继续形成潜在危害。

(2) 有机污染物的转化机制。

植物根系对有机污染物的修复,主要是依靠根系分泌物对有机污染物产生的络合和降解等作用。此外,植物根系死亡后,向土壤释放的脱卤酶、硝酸还原酶、过氧化物酶和漆酶等,也可以继续发挥分解作用。

植物降解功能可以通过转基因技术得到增强,如把细菌中的降解除草剂基因转导到植物中产生抗除草剂的植物,这方面的研究已有不少成功的例子。因此,筛选、培育具有降解有机污染物能力的植物就显得十分必要。目前,植物降解有机污染物的研究多集中在水生植物方面,这可能是因为水生植物具有大面积的富脂性表皮,易于吸收亲脂性有机污染物。

(3) 有机污染物的生物降解机制。

生物降解是指通过生物的新陈代谢活动将污染物分解成简单化合物的过程。这些生物包括部分动物、植物和微生物,但由于微生物具有各种独特的化学作用,且自身繁殖速度快,遗传变异性强,使得它的酶系能以较快的速度适应变化的环境条件,并且微生物对能量利用的效率比动植物更高,因而可将大多数污染物降解为无机物。由此可见,微生物在有机污染物降解过程中起到了很重要的作用,所以生物降解通常是指微生物降解。

微生物具有降解有机污染物的潜力，但有机污染物能否被微生物降解取决于这种有机污染物是否具有可生物降解性。可生物降解性是指有机化合物在微生物作用下转变为简单小分子化合物的可能性。有机污染物是有机化合物中的一大类。有机化合物由天然的有机物和人工合成的有机化合物两部分组成，天然形成的有机物几乎可以完全被微生物降解，而人工合成的有机化合物，降解过程复杂得多。此外，对于那些不能生物降解的化学品应当明令禁止，只有这样才能更有利于人类和生态的可持续发展。

4.2.3 城镇生态修复主要方法

城镇生态修复主要方法有物理修复、化学修复、微生物修复和植物修复。

1. 物理修复

物理修复是根据物理学原理，用一定的工程技术，使环境中污染物部分或彻底去除，或转化为无害形式的一种环境污染治理方法。相对于其他修复方法，物理修复一般需要研制大中型修复设备，因此耗费较大。

物理修复方法很多，如污水处理中的沉淀、过滤和气浮等，大气污染治理的除尘（重力除尘法、惯性力除尘法、离心力除尘法、过滤除尘法和静电除尘法等），污染土壤修复的稳定化、玻璃化、换土法、物理分离、蒸汽浸提、固定和低温冰冻等（图 4.9）。

2. 化学修复

化学修复是利用加入环境介质中的化学修复剂能够与污染物发生一定的化学反应，使污染物被降解、毒性被去除或降低的修复技术。

由于污染物和污染介质特征不同，化学修复手段包括将液体、气体或活性胶体注入地表水、下表层介质、含水土层，或在地下水流经路径上设置可渗透反应墙，滤出地下沉淀水中的污染物。注入的化学物质可以是氧化剂、还原剂、沉淀剂或解吸剂、增溶剂。不论是现代的各种创新技术，如土壤深度混合和液压破裂技术，抑或是传统的井注射技术都是为了将化学物质渗透到土壤表层以下或者与水体充分混合。通常情况下，在生物修复法的速度和广度上不能满足污染土壤修复的需要时，才根据土壤特征和污染物类型选择化学修复方法（图 4.10）。

化学修复方法应用范围很广，如污水处理的氧化、还原、化学沉淀、萃取和絮凝等；气体污染物治理的湿式除尘法、燃烧法，含硫、氮废气的净化等。在污染土壤修复方面，化学修复技术发展较早，并且相对成熟。污染土壤化学修复技术目前主要涵盖化学淋洗技术、溶剂浸提技术、化学氧化修复技术、化学还原与还原脱氯修复技术、土壤性能改良修复技术等。

其中化学淋洗技术能更有效地去除吸附力较强和溶解度较低的污染物；化学氧化修复技术是一种对污染物类型和浓度不是很敏感的、快捷、积极的修复方式；化学还原与还原脱氯修复技术则作用于分散在地表下较大、较深范围内的氯化物等对还原反应敏感的化学物质，将其还原、降解。

(a)处理厂外景

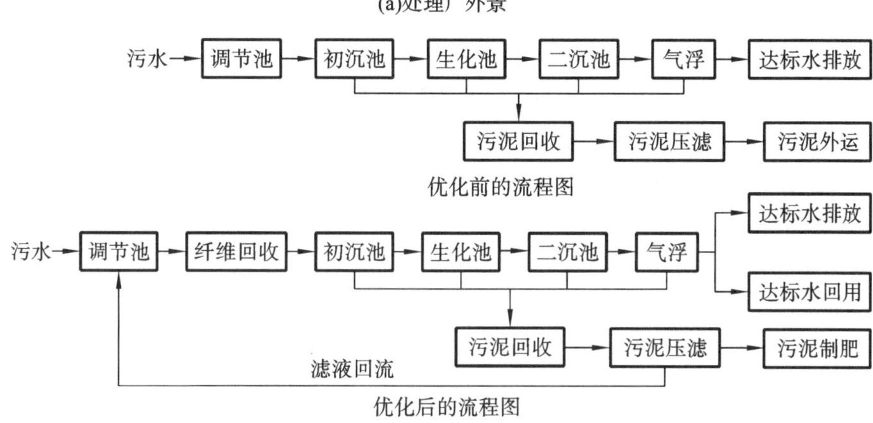

(b)处理流程

图4.9 污水处理厂及处理流程

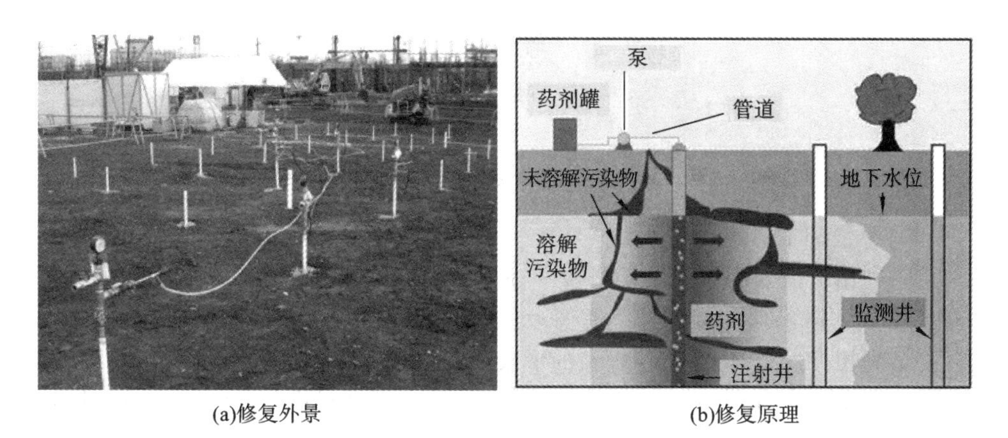

(a)修复外景　　(b)修复原理

图4.10 土壤化学修复及其原理

3. 微生物修复

微生物修复即利用天然存在的或人为培养的专性微生物对污染物的吸收、代谢和降解等作用，将环境中的有毒污染物转化为无毒物质甚至彻底去除的环境污染修复技术，见图4.11。

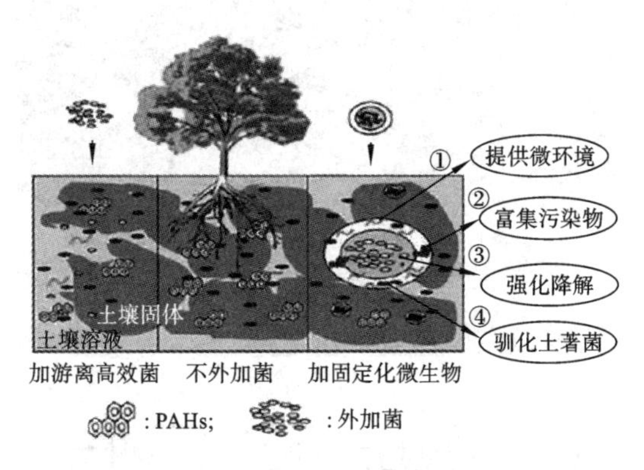

图4.11 微生物修复原理演示图

微生物是人类最早采取生物手段来修复污染环境的生命形式，而且在污水处理方面，其应用技术比较成熟，影响也极其广泛。

4. 植物修复

植物修复是指利用植物及其根际圈微生物体系的吸收、挥发、转化和降解的作用机制来清除环境中污染物质，是一项新兴的污染环境治理技术(图4.12)。

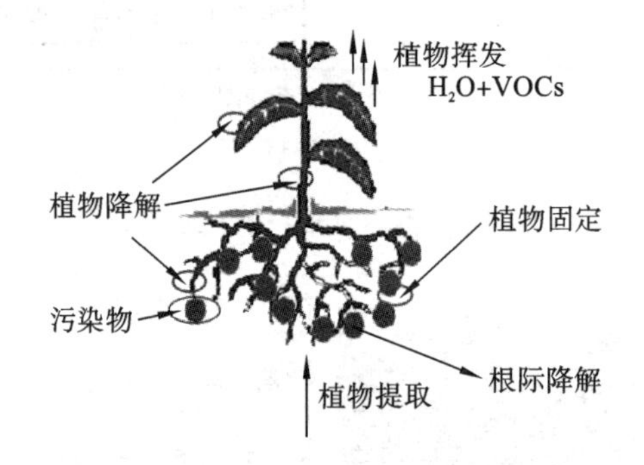

图4.12 植物修复原理演示图

植物修复的主要途径如下。

(1) 利用植物根际圈共生或非共生特效微生物的降解作用，净化有机污染物污染的土壤或水体。

(2) 利用挥发植物，以气体挥发的形式修复污染土壤或水体。

(3) 利用固化植物，钝化土壤或水体中有机或无机污染物，减轻对生物体的毒害。

(4) 利用植物本身特有的利用、转化或水解作用，使环境中污染物得以降解和脱毒。

(5) 利用绿化植物，净化污染空气。

植物修复广义上包括利用植物及其根际圈微生物体系治理污染土壤(包括重金属及有机污染物质等)、净化水体(如污水的湿地处理系统、水体富营养化的防治等)以及利用植物净化空气(如室内空气污染和城市烟雾控制等)。狭义上的植物修复主要指利用植物及其根际圈微生物体系净化污染土壤或污染水体。通常所说的植物修复主要是指利用重金属超积累植物的提取作用,去除污染土壤或水体中的重金属元素。

4.3 城镇景观工程规划设计

城镇景观设计要充分体现保护自然是利用自然和改造自然的基本前提。在具体的景观规划和设计中,必须对整体固有环境格局的连续性进行维护和强化,尽可能减少对自然环境的影响和破坏,以保证自然景观体系的健康发展;要尽可能利用原始地形地貌、山川水系、森林植被、飞禽走兽及独特的气候变化等自然元素造景,使人工景观融入自然景观中,从而保证城镇景观与周边景观的协调性。

4.3.1 城镇景观规划设计特点及原则

1. 城镇景观规划设计特点

(1) 形式多样、要素多元。

在城镇园林景观设计中,最引人注目并容易理解的就是以现代面貌出现的多元化的设计要素。现代社会给予设计师的材料与技术手段比以往任何时候都要多,设计师可以较自由地应用光影、色彩、声音、质感等形式要素与地形、水体、植物、建筑与构筑物等形体要素创造园林与景观环境。

由于技术的发展,城镇园林设计师可超越传统材料的限制,通过选用新颖的建筑或装饰材料,达到特有的动感、色彩、透明感、光影等效果,或达到传统材料无法达到的尺度与规模。

(2) 生态优先、回归自然。

自十八大以来,习总书记提出"绿水青山,就是金山银山",城镇生态文化建设正在蓬勃发展。因此,无论在怎样的环境中建造,景观都要与自然发生密切的联系,这就必然涉及景观、人类、自然三者之间的关系。

全球性的环境恶化与资源短缺使人类认识到对大自然掠夺式地开发所造成的后果。可持续发展战略应运而生,给社会、经济及文化带来了新的发展思路。越来越多的设计师正不断吸纳自然与生态理念,创造出尊重环境、保护生态的景观作品。大自然有其特定的演变和更新规律,从生态的角度看,自然群落比人工群落更健康、更有生命力。因此,景观设计师应该多运用城镇乡土植物,充分利用基址上原有的自然植被,或者建立一个框架,为自然再生过程提供条件。这也是城镇景观设计生态性的一种体现。

城镇的园林景观通常依托于周围广阔的自然环境，田园风光更有利于创造出舒适、优美的景观。而城镇自然资源就是自身最重要的景观优势，设计者应当充分维护自然，为利用自然和改造自然打好坚实的基础。

(3) 面向大众、强调功能。

在设计师的眼中，城镇景观已成为面向城镇人口、贴近居民生活的具有一定使用功能的景观。基于这一认知，城镇景观的设计在尊重自然的基础上，还应满足居住人口的生理与心理需求，并使大众在园林中获得最大的活动性和舒适性。这种功能需求在一定程度上决定了景观形式，在满足使用功能的前提下，对设计形式本身进行探索和创新，在布局方式、空间关系和尺度等方向进行推敲，使这些普通的形式语言产生令人振奋的效果，成为大众喜爱的作品。

(4) 突出特色、宣扬文化。

鉴于城镇规模相对较小，能够产生园林景观特色的要素相对少，因此城镇的景观只能“小而精，少而优”。借助于传统的形式与内容去挖掘城镇新的景观含义或形成新的视觉形象，既可以使设计的内容与历史文化联系起来，增加认同感，又可以满足当代人的审美情趣，使设计具有现代感。在处理传统与现代之间关系的问题上有多种方式，最常见的是提取传统古代表现的形式或符号，用于城镇园林景观的构图之中，这种处理方式使园林景观与历史传统建立起了某种含蓄的联系，让人能够感受到传统文化的一些痕迹。另一种方式是保留传统的内容或文化精神，在材料的处理方式与形式上表现一定的现代感，或使用现代的布置手段。

2. 城镇景观规划设计原则

(1) 协调发展、因地制宜。

城镇的园林景观需要紧密结合当地的规划，综合考虑，全面安排，处理好土地、环境的现状与园林景观建设的关系。将园林景观广泛地渗透在城镇的规划建设之中，发挥潜在力量，与其他区域共同规划，决不能孤立地进行。城镇景观用地规划是综合规划中的一部分，要与城镇的整体规划相结合，与城镇道路系统规划、公共建筑分布、功能区域划分相互配合协作；切实地将景观分布到城镇之中，融入整个城镇的景观环境。

城镇景观规划设计要根据区域现实条件、绿化基础、地质特点、规划范围等因素，选择不同的绿地、布置方式、面积大小、定额指标，从实际需要和规范出发，创造出适合城镇自身的景观，切忌生搬硬套，脱离实际，单纯追求形式。

此外，随着城镇的发展与变化，创造良好的生态系统成为城镇园林景观建设的重要原则。在保护好环境的前提下，坚持生态原则，对现有的生态系统进行尽可能少的人工景观改造，减少对自然景观的破坏，以满足人们对良好环境的要求。

(2) 均衡分布、分期建设。

城镇的规模无法与大中城市相比，具有居民相对分散、大型公共绿地的区域有限等特点。随着城镇的发展，居民对周围服务环境有了更高的要求。制定景观规划设计时，力求将景观均衡分布在城镇之中，在充分利用空间的基础上增加新的功能。这种均衡的布局更方便公众使用，比较适合城镇的建设。在建筑密度较低的区域可依据当地实际情况增加少量具有一定功能的大面积城镇绿地等。

城镇景观的分期建设同样也是城镇规划的重要组成部分。制定分期规划目标，分批分层次地设计完成，既要有近期安排，也应有远景目标，做到远近结合，同时还要考虑由近及远的过渡措施。对未来的建设和发展做出合适的规划，并进行适时的调整。在城镇景观规划中不能只追求当前利益，避免对未来的发展造成困难。

(3) 以人为本、富有乐趣。

城镇景观在以人为本的思想指导之下，结合生产生活的发展规律及需求，在更深层次的基础上创造出更加适合宜居园林式城镇的景观，更多地从使用者的角度出发，在尊重自然的前提下，创造出具有较强舒适性和活动性的景观。

设计时，一方面，在建筑形式和空间规划方面要有适宜的尺度和风格的考虑，居住环境上应体现对使用者的关怀；另一方面，要对更多年龄层的使用者加以关注，特别是适合老人和儿童的相应服务设施和精神空间环境，创造更多的积极空间，以满足大多数人的精神家园。

(4) 展现特色、注重文化。

营造特色是树立宜居园林式城镇良好形象的关键。城镇有限的范围决定了挖掘特色、形成品牌是其规划的一大亮点，城镇景观规划也要在基于对既有环境敏锐、独特的思考下，充分分析当地地理条件、经济条件、社会文化特点以及生活方式等多方面的因素并加以利用，反映出城镇地方传统文化或空间特征，包括建筑形式、历史遗迹等地方特色，努力塑造符合城镇特色的景观。

城镇有着深厚的历史文化背景和独特的风俗习惯，这些在景观设计中都可以体现出来。这需要设计者对城镇本身的历史文化如古迹遗址、古树名木、历史人物、民间传说及民情风俗等要十分熟悉，并在城镇景观设计中体现出来。通过园林设计来宣扬当地的历史，保护当地的文物古迹，使景观设计的形式更加丰富，具有地方特色，同时还能够展示当地的风土人情。这样的园林景观设计才真正具有文化内涵，才能真正在精神上使人产生共鸣。

4.3.2　城镇景观规划设计内容及步骤

1. 城镇景观规划设计内容

(1) 城镇景观的空间环境规划设计。

城镇景观的空间环境规划设计主要指城镇的山体、水系、植被、农田等自然要素的规划设计，以及城镇的街道、广场、构筑物、园林小品等的规划设计。城镇的景观要素以自然要素为主，也包含重要的人文景观要素，它们共同构成了城镇景观的体系，并通过周密、恰当的组合形成了城镇的景观空间体系。

城镇景观的空间环境体系与城镇的总体规划有十分密切的联系，通常可以形成多个景观区、景观轴和景观节点（表 4.5），具体的布局形式则由总体规划的体系限定。

表 4.5　城镇景观区、景观轴与景观节点

对　象	内　容
景观区	通常包括古镇历史保护区、特色风貌展示区、工业景观区、商业景观区、中心广场区等。每一个景观区域都以不同的功能和不同的景观特色展现出城镇特有的景观特质
景观轴	通常是指城镇的道路绿化系统、滨河绿带系统或带状景观带等。景观轴是城镇园林景观的基本骨架，是线形的空间系统
景观节点	在城镇的景观空间中分布最广，具有集聚人气的功能。景观节点通常表现为市民活动中心、交通绿化节点、城镇出入口景观、中心标志性景观或历史文化遗迹等。城镇园林景观是空间环境设计的关键，直接影响空间体系的合理性，同时也是居民利用自然空间的基础保障

（2）城镇景观的文化环境设计。

城镇景观的文化环境建设可以说是城镇的精神空间环境的塑造，它直接影响城镇的特色风貌以及正确定位。

在文化环境设计中，城镇的历史、传统、风俗、民间艺术是基本的要素。很多城镇的历史文化遗迹不仅是当地千百年的城镇中心，是居民们的精神依托，也是外来游人体味城镇丰富的文化底蕴的重要途径。在很多欧洲的小镇，古老建筑物前的文化广场常常是居民聚集之处。这样的场所是生活的空间，更是历史沉淀下来的空间，独具味道和别样的气氛。除了城镇中居民的日常活动空间，历史文化保护区也是展现城镇独特历史文脉和文化环境的重要途径。

特色文化活动更能体现城镇文化环境活力，民间艺术的发扬不仅有利于丰富中国古老的文化传统，也有利于突出城镇的民俗特色。很多珍贵的民俗风情不应该在城镇景观建设的过程中丢失，而应积极地利用与保护。鼓励居民参与和开展民俗活动，适当地吸引外来的游人，并传承古老的文化特色，使城镇景观环境更加具有底蕴。很多欧洲的小镇每年都会有不同的节日庆典或特色集市，不仅成功吸引了外来游人，为城镇增加了经济收入，也延续了城镇特殊的精神信仰和历史传统。

2. 城镇景观规划设计步骤

（1）调查分析阶段。

对现状深入调查和踏勘，对总体规划进行深入分析研究，针对城镇的特点确定主题的立意和整体构思。

主题立意必须注重对传统文化和民情风俗的研究，应注意避开民间的禁忌，福建省福清市把“五马城雕”改为“八骏雄风”便是一个例子。

(2) 方案规划阶段。

对已确定的城镇景观主题整体进行构思,依据布点均衡的规划原则,在总体功能满足需要的前提下,对景观设计的规模和功能进行系统的规划。

(3) 详细设计阶段。

根据城镇景观规划的布局和主题,确定详细规划的原则和特色定位,既要确定整个城镇景观建设的统一性,又要具有鲜明的特色。

(4) 实施管理阶段。

制定城镇景观的设计方案、实施办法和管理方案。

4.3.3　城镇景观规划设计成果及评价

1. 城镇景观规划设计成果

城镇景观规划设计是一系列分析及创造思考的过程,为了确保城镇景观规划设计的顺利进行,需要一套严谨合理的程序。根据城镇景观规划设计的规律,其程序应该是从宏观到微观、从整体到局部、从大处到细节步步深入的。

城镇景观规划设计程序大致分为六个阶段(图 4.13):第一阶段是与投资方及业主接触;第二阶段是收集景观设计资料;第三阶段是构思设计草图;第四阶段是进行方案设计;第五阶段是进行初步设计;第六阶段是施工图设计并绘制详图。每一阶段都有相应的阶段性成果呈现,并不断地与投资方、业主沟通,综合各方的意见进行修改、深化,一直到最终阶段成果的呈报。

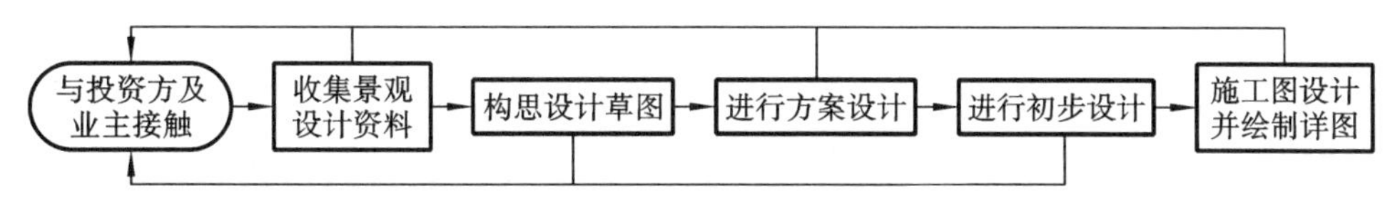

图 4.13　景观规划设计程序

业内对景观规划设计的成果并无统一规定,但从各设计单位多年参与景观规划设计提供的成果内容来看,基本上可以归为两大部分:文本说明类和设计图纸。

(1) 文本说明类。

景观设计方必须向委托方提供文本或者文本模式的设计说明书,文本部分要以条文的形式反映建设管理细则。该设计说明书经过批准后成为规范性的规划管理文件。文本的说明书部分应以简洁清晰的文字对规划设计方案进行阐释。景观设计的文本一般包括如下内容,见表 4.6。

表 4.6　城镇景观规划设计文本内容

分　　类	调 查 内 容
项目背景	主要描述项目的位置、规划范围、自然地理环境、历史沿革、社会经济状况

续表

分　类	调 查 内 容
前期场地分析说明	环境概况:如气候、季风、土质、水质等; 景观概况:如地形、地貌、植被、水系、建筑等; 区位分析:包括周边环境分析,场地内部优、劣势分析,外部机会、威胁的分析,周边线路分析; 功能分析:明确必须满足的功能和对应位置;场地使用人群的行为构成; 交通分析:包括与相邻道路的关系,停车位数量及位置; 植被分析:植被的选择(包括色相、季相等); 视线分析:是否需要对景、障景和借景等; 空间结构分析:包括空间的形态、属性、分隔、联系与过渡; 水环境分析:竖向分析和高程分析
景观规划设计理念	包含设计的依据、指导思想、目标和原则,如委托方的要求、城市发展的需要、使用者的需求等
专项规划设计	许多大型的景观设计项目还包含很多专项规划,专项规划有可能是整体规划设计的一部分,需要深入设计
分期规划实施措施	规模较大的景观项目往往都是进行分期规划和实施的(一般分为三期建设:近期、中期和远期),因此,在规划设计的时候,应该对每一阶段的开发时序做出明确的说明

通常在文本的最后还要附上各项主要的技术经济指标,如具体的用地面积、绿地率、容积率、建筑面积等。有的项目还需做出主要的绿化苗木清单、概算造价等。

(2) 设计图纸。

景观规划设计阶段的图纸内容主要包括:地段区位图,功能分析图,规划设计总平面图,道路系统规划设计图,景观系统规划设计图,绿地系统设计图,灯光系统设计图,竖向规划设计图,主要断面图,重点区域的平面大样图、立面图、剖面图等,专项设计图,总体鸟瞰图,综合现状图(包括用地现状、植被现状、建筑物现状、工程管网现状等)以及施工图设计阶段的图纸。

施工图设计阶段的图纸包括:环境景观施工图(土建)、水电施工图、植物施工图。其中,环境景观施工图(土建)包括设计说明、总平面图、放线定位图、分段或分区平面图、施工节点大样图等;水电施工图包括设计说明、主材表、系统图、大样图、节点图等;植物施工图包括设计说明、乔木施工图、灌木施工图、植物配置表。

景观规划设计由于项目的规模大小和实际情况的不同,设计的成果也会有所不同。大型景观项目的成果可能不止以上所介绍的内容,而小型城镇景观项目可能只包含其中的某些部分。此外,景观规划设计的成果除了文本说明类和规划设计图集之外,某些项目还应该提供更为详细的设计说明书和基础资料汇编。

2. 景观规划设计评价

景观规划设计作为一门学科、一项工作，必然会建立自己的评价标准，否则无法衡量成果的优劣。评价标准实际应贯穿于规划设计的全过程，委托人、设计师、管理者都需要掌握评价标准。评价与基本目标、设计原则是统一的，设计是否符合基本的指导思想、目标和原则，要靠一定的评价体系来检验。

景观规划设计评价的标准是多种多样的，评价景观设计的好坏，功能和视觉是两个最重要的评价因素，见表 4.7。总的来说，评价是一种理性的工作，但评价标准和评价因素也不是绝对的，它随着社会经济水平和科学技术水平的提高而变化，也与人们的价值观念变化有关。而且，不同的项目在评价的重点上也应该有所区别。例如，以纪念性为主的景观项目和以旅游性或休闲性为主的景观项目之间的评价标准就应有所不同。

表 4.7　景观规划设计评价

分　类	评价内容
功能因素	场地内各功能区的划分及合理的容量、舒适的环境、多样的用途、场地内便捷的交通
视觉因素	景观空间的特色、适宜的场所感、结构的清晰性、视觉的和谐、与自然的结合、与周围环境的融洽、历史文脉的连贯等

因此，评价标准和评价因素要具有一定的可变性，方法是用评价因素的项目（或因子）多少和权重的设置来调节这种变化。

4.4　景观工程建设施工

4.4.1　景观工程建设施工内涵

1. 景观工程建设施工的概念

景观工程建设同所有的建设工程一样，包括计划、设计和实施三大阶段。城镇景观工程建设施工是对已经完成计划、设计两个阶段的工程项目的具体实施。它是景观工程建设施工企业在获取某景观工程建设施工项目之后，按照工程计划、设计单位和建设单位要求，根据工程实施过程的要求，结合施工企业自身条件和以往建设的经验，采取规范的实施程序和先进科学的工程实施技术与现代科学管理手段，进行组织设计，做好准备工作，进行现场施工，竣工之后验收交付使用并对景观植物进行修剪、造型及养护管理等一系列工作的总称。它已由过去的单一实施阶段的现场施工概念发展为实施阶段所有活动的概括与总结。

2. 景观工程建设施工的作用

随着社会经济的发展、科学技术的进步，城镇居民对景观艺术品的要求日益增强。而景观艺术品的产生是靠景观工程建设完成的。城镇居民景观工程建设主要通过新建、扩建、改建和重建一些工程项目，特别是新建和扩建工程项目，以及与其有关的工作来实现。景观工程建设施工是完成景观工程建设的重要活动，其作用可以概括为以下几个方面。

(1) 是城镇景观工程建设计划、设计得以实施的根本保证。

任何理想的景观工程建设项目计划，再先进科学的园林工程建设设计，都必须通过景观工程施工企业的科学实施，才能得以实现；否则，就会成为一纸空文。

(2) 是城镇景观工程建设理论水平得以不断提高的坚实基础。

一切理论都来自实践。景观工程建设的理论只能来自工程建设的实践过程。景观工程建设施工的实践过程，就是发现施工中的问题，解决这些问题，总结、提高景观工程建设施工水平的过程。

(3) 是创造景观艺术精品的主要途径。

景观艺术的产生、发展、提高的过程，实际上就是景观工程建设施工水平不断发展、提高的过程。只有把学习、研究、发掘历代景观工匠的精湛施工技术和巧妙手工工艺，与现代科学技术和管理手段相结合，在现代景观工程建设施工中充分发挥施工人员的智慧，才能创造出符合时代要求的景观艺术精品。

(4) 是锻炼、培养城镇景观工程建设施工队伍的办法。

随着经济全球化的到来，我国的景观工程建设施工企业必须走出国门，走向世界。而我国景观工程建设施工队伍却很难与此相适应。要改变这一现状，无论是对人才的培养，还是对施工队伍的培养都离不开景观工程建设施工的实践活动。这样才能培养出作风过硬、技艺精湛的景观工程建设施工人才，才能建成一批走出国门的优秀的施工队伍。

3. 景观工程建设施工的任务

一般基本建设的任务步骤如下：

(1) 编制建设项目建议书；

(2) 研究技术经济的可行性；

(3) 落实年度基本建设计划；

(4) 根据设计任务书进行设计；

(5) 进行勘察设计并编制概(预)算；

(6) 进行施工招标；

(7) 中标施工企业进行施工；

(8) 生产试运行；

(9) 竣工验收并交付使用。

其中的(6)～(9)阶段也是景观工程建设施工的任务。除此之外，根据景观工程建设施工以植物为主要造景要素的特点，景观工程建设施工还要增加在工程建设中对植物进行养护、修剪、造型、培养的任务。这一任务的完成往往需要一个较长的时期。这也是景观工程建设施工管理的突出特点之一。

4.4.2 景观工程建设施工特点

1. 景观工程建设施工的内涵

景观工程建设是一种独特的工程建设，它不仅要满足一般工程建设的使用功能的要求，而且要满足造景的要求，还要与城镇环境密切结合，是一种自然与人造景观融于一体的工程建设。景观工程建设这些特殊的要求决定了景观工程的内涵。

（1）景观工程建设施工准备工作比一般工程更为复杂多样。

城镇地理位置具有特殊性，大多山水地形复杂多变。这给景观工程建设施工提出了更高的要求。特别是在施工准备中，要重视工程施工场地的科学布置，尽量减少工程施工用地，减轻施工对周围居民生活生产的影响，其他各项准备工作也要完全充分，这样才能确保各项施工手段得以运用。

（2）景观工程建设施工工艺要求严、标准高。

为了使景观工程既具有游览、观赏和游憩功能，又能改善人居环境，还可以改善生态环境，就必须依赖高水平的施工工艺。因此，景观工程建设施工工艺总是比一般工程的工艺更复杂，要求更严，标准更高。

（3）景观工程建设施工技术复杂。

景观工程建设，尤其是仿古园林建筑工程，复杂性之大，有时是难以想象的，这就对施工人员提出了很高的要求。作为艺术精品的景观，景观工程建设施工人员不仅要有一般工程施工的技术水平，同时还要具有较高的艺术修养。以植物造景为主的景观，景观工程建设施工人员更应掌握大量有关树木、花卉、草坪的知识和施工技术。

（4）景观工程建设施工专业性强。

景观工程建设的内容繁多，专业性强，城镇景观工程建设中各类点缀小品的施工也具有不同的专业要求，如常见的假山、叠石、水景等。这些都要求施工人员必须具备一定的专业知识和施工技艺。

（5）景观工程建设规模大，综合性强，要求各工种人员相互配合，密切协作。

城镇景观工程建设规模化发展趋势在改变，其目的是打造集景观绿化、社会、生态、环境、休闲、娱乐、游览于一体的综合性建设工程，因而景观工程建设涉及众多的工程类别和工种技术。同一工程项目在施工过程中，往往要由不同的施工单位和不同工种的技术人员相互配合、协作，才能完成。

2. 景观工程建设的程序

景观工程建设是城镇基本建设的主要组成部分，因而也可将其列入城镇基本建设之中，要求按照基本建设程序进行。

基本建设程序是指某个建设项目在建设工程中所包括的各个阶段、步骤所应遵循的先后顺序。一般建设工程是勘察，再规划，进而设计，再进入施工阶段，最后经竣工验收后交付建设单位使用。

景观工程建设程序的要点如下：对拟建项目的可行性进行研究，编制设计任务书，确保建设地点和规模，进行技术设计工作，报批基本建设计划，确保建设地点和规模，进行技术设计工作，报批基本建设计划，确定工程施工企业，进行施工前的准备工作，组织工程施工及工程完成后的竣工验收等。

(1) 工程项目计划立项报批阶段。

这个阶段又叫工程项目建设前的准备阶段，也称为立项计划阶段。它是指对拟建项目通过勘察、调查、论证、决策后初步确定了建设地点和规模，通过论证、研究、咨询等工作写出项目可行性报告，编制出项目建设计划任务书。然后报主管局论证审核，送建设所在地的计划，建设部门批准后并纳入正式的年度建设计划。

工程项目建设计划任务书是工程项目建设的前提和重要的指导性文件。它要明确的内容主要包括：工程建设单位，工程建设的性质，工程建设的类别，工程建设单位负责人，工程建设的地点，工程建设的依据，工程建设的规模，工程建设的内容，工程建设完成的期限，工程的投资概算，效益评估，与各方的协作关系，以及文物保护、环境保护、生态建设、道路交通等方面问题的解决计划。

(2) 组织计划设计阶段。

计划设计文件是组织工程建设施工的基础，也是具体工作的指导性文件。具体而言，就是根据已经批准纳入计划的任务书内容，由景观工程建设管理、设计部门进行必要的组织设计工作。

景观工程建设的组织设计实行两段设计制度：一是进行工程建设项目的具体勘察，进行初步设计，并据此编制设计概算；二是在此基础上，再进行施工图设计。在进行施工图设计中，不得改变计划任务书及初步设计中已确定的工程建设性质、建设的规模和概算等。

(3) 工程建设实施阶段。

一切设计完成并确定了施工企业后，施工单位应根据建设单位提供的相关资料和图纸，以及调查掌握的施工现场条件，各种施工资源(人力、物资、材料、交通等)状况，结合自身特点，做好施工图预算和施工组织设计的编制等工作。认真做好各项施工前的准备工作，严格按照施工图施工。按照工程合同以及工程质量、进度、安全等要求做好施工生产的安排，科学组织施工，认真做好施工现场的管理工作，确保工程质量、进度、安全，提高工程建设的综合效益。

(4) 工程竣工验收阶段。

景观工程建设完成后，立即进入工程竣工验收阶段。要在现场实施阶段的后期进行竣工验收的准备工作，并组织有关人员对完工的工程项目进行内部自检，发现问题及时纠正补充，力求达到设计和合同的要求。工程竣工后，应尽快召集有关单位和计划、城建、景观、质检等部门，根据设计要求和工程施工技术验收规范，进行正式的竣工验收，对竣工验收中发现的一些问题及时纠正、补救后即可办理竣工手续交付使用等。

3. 景观工程建设施工的程序

景观工程建设施工程序是指进入景观工程建设实施阶段后，在施工过程中应当遵循的先后顺序，它是施工管理的重要依据。在景观工程建设施工过程中，能做到按施工程序进行施工，对提高施工速度，保证施工质量、安全，降低施工成本，都具有重要作用。景观工程的施工程序一般可分为施工前准备阶段、现场施工阶段两大部分。

(1) 施工前准备阶段。

景观工程建设各工序、各工种在施工过程中，首先要有一个施工准备期。在施工准备期内，施工人员的主要任务是领会图纸设计的意图，掌握工程特点，了解工程质量要求，熟悉施工现场，合理安排施工力量，为顺利完成现场各施工任务做好各项准备工作。其内容一般可分为技术准备、生产准备、施工现场准备、后勤保障准备和文明施工准备五个方面。

①技术准备。

施工人员要认真读懂施工图，体会设计意图，并要求工人都能基本了解；对施工现场状况进行查看，结合施工现场平面图对施工工地的现状做到了如指掌；学习掌握施工组织设计内容，了解技术较低和预算会审的核心内容，领会工地的施工规范、安全措施、岗位职责、管理条例等；熟练掌握本工种施工中的技术要点和技术改进方向。

②生产准备。

施工中所需的各种材料、构配件、施工机具等要按计划组织到位，并要做好验收、入库登记等工作；组织施工机械进场，并进行安装调试工作，制定各类工程建设过程中所需的各类物资供应计划，例如苗木供应计划、山石材料的选定和供应计划等；根据工程规模、技术要求及施工期限等，合理组织施工队伍、选定劳动定额、落实岗位职责、建立劳动组织；做好劳动力调配计划安排工作，特别是在采用平行施工、交叉施工或季节性较强的集中性施工期间更应重视劳务的配备计划，避免窝工浪费和因缺少必要工人而耽误工期的情况发生。

③施工现场准备。

施工现场是施工的集中空间。合理、科学布置有序的施工现场是保证施工顺利进行的重要条件，应给予足够的重视，其基本工作一般包括以下内容：界定施工范围，进行必要的管线改道，保护名木古树等；进行施工现场工程测量，设置工程的平面控制点和高程控制点；做好施工现场的“四通一平”(水通、路通、电通、信息通和场地平整)。施工用临时道路选线应以不妨碍工程为标准，结合设计园路、地质状况及运输荷载等因素综合确定；施工现场的给水排水等应能满足工程施工的需要；做好季节性施工的准备；并做好拆除清理地上、地下障碍物和建设用材料堆放点的设置安排等工作；搭设临时设施，包括工程施工用的仓库、办公室、宿舍、食堂及必要的附属设施，如临时抽水泵站、混凝土搅拌站、特殊材料堆放地等。工程临时用地管线要铺设好。在修建临时设施时应遵循节约够用、方便施工的原则。

④后勤保障准备。

后勤工作是保证一线施工顺利进行的重要环节，也是施工前准备工作的重要内容之一。施工现场应配套必要的后勤设施。

⑤文明施工准备。

做好劳动保护工作，强化安全意识，搞好现场防火工作等。

(2) 现场施工阶段。

各项准备工作就绪后，可按计划正式开展施工，即进入现场施工阶段。由于景观工程建设的类型繁多，设计的工程种类多且要求高，对现场各工种、各工序施工提出了不同的要求，在现场施工中应注意以下几点。

①严格按照施工组织设计和施工图进行施工安排，若有变化，需经计划、涉及双方及有关部门共同研究讨论以正式的施工文件形式决定后，方可实施变更。

②严格执行各有关工种的施工规程，确保各工种的技术措施得到落实。不得随意改变，更不能混淆工种施工。

③严格执行各工序之间施工中的检查、验收，交接手续的签字盖章要求，并将其作为现场施工的原始材料妥善保管，以明确责任。

④严格执行现场施工中的各类变更(工序变更、规格变更、材料变更等)的请示、批准、验收、签字的规定，不得私自变更和未经甲方检查、验收、签字而进入下一工序，并将有关文字材料妥善保管，作为竣工结算、决算的原始依据。

⑤严格执行施工的阶段性检查和验收规定，尽早发现施工中的问题，及时纠正，以免造成更大的损失。

⑥严格执行施工管理人员对质量、进度、安全的要求，确保各项措施在施工过程中得以贯彻落实，以预防各类事故的发生。

⑦严格服从工程项目部的统一指挥、调配，确保工程计划的全面完成。

4.4.3 景观工程建设施工类型

综合性景观工程施工，从大的方面可以划分为与景观工程建设有关的基础性工程施工和景观工程建设施工两大类。

1. 与景观工程建设有关的基础性工程施工

与景观工程建设有关的基础性工程是指包括在景观工程建设中应用较多的起基础性作用的一般建设工程。与景观工程建设有关的基础性工程施工的类型繁多，并因景观工程建设的综合性、社会性或公益性等有所不同，现阶段主要有以下几个方面。

(1) 土方工程施工。

在景观工程建设中，土方工程的工作内容较为广泛(图 4.14)，包括凿池筑山，平整场地，挖沟埋管，开槽铺路，安装园林设施、构件，修建景观建筑，为了避让而不得不动土等。土方工程根据其使用年限和施工要求，可分为永久性土方工程和临时性土方工程两种。这两类土方工程都要求具有足够的稳定性和密实度，使工程质量和艺术造型都符合原设计的要求。同时，首先要求按土壤性质划分土壤工程类别，并在施工中遵循有关的技术规范和原设计的各项要求，然后做好土壤施工前的各项准备工作，再按原设计进行挖土、运土、填土和堆山、压实等工序施工。在施工中尽量相互利用，减少不必要的搬运，以提高效率。

(2) 钢筋混凝土工程施工。

随着现代技术、先进材料在景观工程建设中的广泛应用，钢筋混凝土工程已成为与景观工程建设密切相关的工程之一，因而钢筋混凝土工程的施工，也就成为与景观工程建设相关的基础性工程施工的一个重要方面(图 4.15)。

图 4.14　土方工程施工

图 4.15　钢筋混凝土工程施工

混凝土的强度等级要求不低于 C30，而采用高强钢筋时不宜低于 C40。与此同时，预应力钢筋混凝土工程和普通钢筋混凝土工程施工，所选用的方法、设备、操作技术等也各不相同。在大型景观施工企业中，有时又将二者划分为不同的施工类型，以提高施工的精度，满足精品景观工程产品建设的要求。

钢筋混凝土广泛应用于各类工程的结构体系中，所以在整个景观工程建设中占有相当重要的地位。钢筋混凝土工程又可分为普通钢筋混凝土工程和预应力钢筋混凝土工程两大类。其中普通混凝土工程施工包括三大施工过程：模板的制备与安装施工，钢筋的制备与安装工程，混凝土制备与浇筑、振捣施工。预应力钢筋混凝土的结构构件与普通钢筋混凝土的结构相比，增强了混凝土的受力性能，充分发挥了高强钢材的受拉性能，从而提高了钢筋混凝土结构刚度、抗裂度和耐久性，并减轻了结构的自重。但预应力钢筋混凝土结构中的钢筋和水泥与普通钢筋混凝土结构不同，施工工艺有先张法、后张法、后张自锚法和电热法多种。其中以先张法和后张法应用较多，工艺较典型。

(3) 装配式结构安装工程施工。

随着景观工程建设的大规模化和综合性发展，在景观工程建设过程中，出现了更多的装配式结构安装工程(图 4.16)。装配式结构安装工程，就是用起重机械将其预先在工厂和现场制作的各类构件，按照工程设计图纸的规定在现场组装起来，构成一件完整的景观工程建设的主体建筑的施工过程。

在装配式结构安装工程施工中，要注意做好工程结构构件的制作、加工或订货，以及结构安装前的准备工作。要合理选择安装的机械，确定结构安装方法和构件的安装工艺；确定起重机械的开行路线；进行构件的现场布置，制定预制构件接头处理方案和安装工程的安全技术措施等。

(4) 给排水工程及防水工程施工。

城镇市政建设和景观工程建设施工中包含大量给排水工程，而在任何一项建筑工程中都必须有防水的技术要求，因而在与景观工程建设有关的基础性建设施工中就必定有给排水工程和防水工程(图 4.17)。

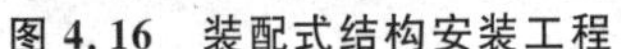

图 4.16　装配式结构安装工程

图 4.17　给排水工程及防水工程施工

景观工程建设施工中的给排水工程施工就是通过一定的管线设施施工，将水的给、用、排三个环节按照一定的给水系统、用水系统、排水系统联系起来。景观工程建设给、用、排水工程是市政工程中给、用、排水工程的一部分。它们之间有共同点，但又有景观工程建设本身的具体要求，而防水工程则是各类工程建筑的共同施工要求。

景观工程建设的产品大多是群众休息、游览、观赏和进行各类公益活动的公共场所，离不开水；同时以植物为主体的特点又决定了其对水的更多的要求；在复杂地形及构件的高低形状各异的景观工程建设中，往往还有大量的造景用水、排水和自然水分的排除等问题。这就决定了景观工程建设的给排水和防水成为各类景观工程建设共同的基础性工程，只是在侧重点和形式上有所不同而已。

在给、用、排、防水工程施工中，重点要解决的问题包括：自然水源的调查、选择与水量计算，给水系统、用水系统、排水系统的布置与连接，自然降水与各类污水的排放等。而防水工程是为了确保工程不被水侵蚀，其质量直接影响景观工程建设建筑质量的好坏，关系到人民生活和生产活动能否正常进行，因此施工期间必须严格遵守有关操作规程，以确保工程质量。防水工程包括地面自然水的防冲刷、侵蚀的措施，景观建筑物中屋面的防渗、漏水，以及给水系统、排水系统、用水系统的管道防渗、漏水等内容。

(5) 景观供电工程施工。

供电是一切工程建设的基础性工程，也是城镇景观工程建设的基础性工程之一。景观工程建设的供电工程主要有造景用电、照明用电和植物养护管理用电和其他用电等方面的工程(图 4.18)。

景观供电工程施工主要包括电源的选择、设计和安装，照明用电的布置与安装，以及供电系统安全技术措施的制定与落实等工作。在整个施工中始终要以安全、够用、节约为基本原则。在施工中要充分与景观工程建设中的路、景等公共场所紧密结合，既满足用电要求，同时又使供电设施、装备与园路、广场及其他景观融为一体，取得艺术性效果，这已成为现代化园林的一大特点。

(6) 景观装饰工程的施工。

景观装饰工程本身就是一种综合性艺术工程，为了更好地体现艺术性，都要求对各种景色进行一定的装饰。景观装饰工程中，小品建筑的装饰也是一个重要方面。随着城镇居民文化品位的不断提高，景观装饰工程建设的社会性效益也不断增强，景观工程建设装饰显得尤为重要(图 4.19)。

图 4.18　景观供电工程

图 4.19　景观装饰工程

景观装饰工程项目繁多，施工中工种多，且技术要求高，现行的施工工种一般分为抹灰工程施工、门窗工程施工、玻璃工程施工、吊顶工程施工、隔断工程施工、刷浆工程施工和花饰工程施工等。其中各类项目施工之间既有区分，又相互严格制约，因而在全部施工中必须严格控制施工质量，确保施工环境条件及各阶段成品的保护。

2. 景观工程建设施工

景观工程建设类型因各地情况不同，建设景观的目的不同，类型的划分也不同。就施工而言，在基础性工程施工的基础上，其主体内容大致可以分为如下几类。

(1) 假山、置石工程施工。

假山作为表现中国自然山水组成部分，对于象征中国景观的民族形式有着重要的作用。假山、置石工程也是景观工程建设施工的一类具有极强专业性的施工工程(图 4.20)。

人们通常所说的假山，实际上包括假山和置石两部分。假山以造景的游览为主要目的，充分结合其他多方面的功能，以土、石等为材料，以自然山水为蓝本，并加以技术性提炼和夸张，用人工再造山水景物。置石是以山石为材料做独立性或附属性的造景布置，主要表现山石的个体美，以表现局部的意境。假山体大而完善，置石则体小而分散。假山按取用材料不同而分为土山、石山和土石相间的山。置石则可分为特置、散置和群置。近代假山又衍生出“塑山”这一新形式，不断地补充、完善着我国园林工程建设中假山工程的类型。

假山工程施工包括假山工程目的与意境的表现手法的确定，假山材料的选择与采运，假山工程的布置方案的确定，假山结构的设计与落实，假山与周围山水的自然结合等内容。在假山工程施工中始终应遵循既要贯彻施工图设计又要有所创新、创造的原则，应遵循工程结构基本原理，充分考虑安全耐久等因素，严格执行施工规范，以确保工程质量。

置石工程施工包括置石目的与意境的确定，表现手法的确定，置石材料的选用与采运，置石方式的确定，置石周围景、色、字、画的搭配等内容。

假山、置石之所以在中国景观工程中得到广泛应用，主要原因是假山、置石作为艺术美与自然美的共同载体，可以以其“虽由人做，宛自天开”的高超的艺术表现，满足了人们游览活动的要求。另外，假山、置石又是为缺少自然山、石的城镇增加景观工程建设要素的一种方式。

(2) 水景工程施工。

水景工程是各类景观工程建设中采用自然或人工方式而形成各类景观的相关工程的总称。其施工内容包括水系规划、小型水闸设计与建设、主要水景工程(驳岸、护坡和水地、喷泉、瀑布)的建造等内容(图 4.21)。

图 4.20 假山与置石工程

图 4.21 水景工程

水景工程施工中既要充分利用可利用的自然山水资源，又不可产生大的水资源浪费；既要保证各类水景工程的综合应用，又要与自然地形景观相协调；既要符合一般工程中给、用、排水的施工规范，又要符合水利工程的施工要求。在整个施工过程中，还要防止水资源污染。水景工程完成后，使用期间应高度重视安全等方面的问题。

(3) 园路与广场工程施工。

在景观工程建设中，园路就是景观的脉络所在。它既是贯穿全园的交通网络，又是联络各个景观的纽带与桥梁(图 4.22)。好的园路工程又是重要的景观造景要素。同时，园路的宽窄走向对景观工程建设中的通风、光照、保护环境有一定的影响，园路工程与照明供电及给排水的相互结合，是景观工程建设中常用的一种施工方式。园路工程施工应达到四大功能：组织空间、引导游览，组织交通；构建休闲、娱乐空间；结合供电和给水、排水；构成和谐景观。

（4）栽植与种植工程施工。

绿化工程是景观工程建设的主要组成部分，按照景观工程建设施工程序，先理山水，改造地形，修筑道路，铺装场地，营造建筑，构筑工程设施，而后实施绿化（图4.23）。绿化工程就是按照设计要求、植树、栽花、铺（种）草坪使其尽早发挥效果。根据工程施工过程，可将绿化工程分为种植和养护管理两大部分。种植属于短期施工工程，养护管理则属于长期的周期性的施工工程。景观工程建设施工中主要介绍栽种工程施工。

图4.22 园路与广场工程

图4.23 栽植与种植工程

栽种工程施工包括一般树木花卉栽植、大树移植、草坪铺设及播种草坪等内容。其施工工序包含如下几方面工作：苗木草皮的选择、包装、运输、储藏、假植；树木花卉的栽植（定点、放线、挖坑、运苗、栽植、浇水、扶植支撑等）；辅助设施的完成以及种植；树木、花卉、草坪栽种后的修剪、防病虫害、灌溉、除草、施肥等。

第 5 章　宜居园林式城镇综合防灾减灾规划

随着城镇化水平的提高，人口快速增长，建（构）筑物大量增加，城镇面临着越发多样化和复杂化的灾害环境。城镇灾害具有突发性、连锁性和区域性，给人民群众的生命财产带来巨大威胁。城镇综合防灾减灾规划是指通过风险评估，确定城镇的主要灾种和高风险区域，在灾害的前期预防、中期应急、后期重建等不同阶段，从政策、技术、管理等多个方位对灾害应对机制进行系统整合，形成全社会共同参与的规划，从而降低城镇的综合风险，提升城镇的综合防灾减灾能力，保障民众的生命财产安全，促进城镇社会经济的可持续发展。

5.1　城镇防灾减灾的基本内涵

5.1.1　城镇灾害

灾害是因"灾"致"害"，繁体汉字"災"由水、火组成，"水火"是指灾难。但"灾"不仅包括水与火，也包括旱、涝、虫害、冰雹、战争、瘟疫等。"害"，是指人员伤亡，经济损失，生活条件甚至生存条件缺失，社会功能明显减弱，生态环境破坏，生命线系统瘫痪等。

城镇灾害可以分为自然灾害和人为灾害两类。

1. 自然灾害

自然灾害是自然致灾因子影响产生的后果，包括地质灾害（地震、山崩、泥石流、滑坡、场地液化等）、气象灾害（暴雨、暴雪、台风、龙卷风、飓风、沙尘暴、冰雹、干旱、洪涝等）、海象灾害（海啸、大潮、风潮）等。

城镇的地理位置、自然环境、防灾设防水准不同，发生的自然灾害也不同。我国东南沿海地区常受台风、暴雨的袭击；地震带上的城镇有可能发生重大地震灾害；山区的城镇发生地质灾害的可能性较大；滨海城镇可能发生海象灾害；沿河川、湖泊、水库的城镇应预防决堤、漫堤等。常见的 6 种城镇致灾自然现象见表 5.1。

表 5.1　6 种城镇致灾自然现象

灾	害	主要承灾地域与承灾体
水灾（因江、河、湖、泽地域长时间大雨决堤或溢流；集中性暴雨等）	淹没城市低洼地带，水流冲毁建筑与设施，因排泄不畅发生内涝，地下建筑灌水，山体陡坡崩塌、滑坡、泥石流，交通瘫痪	承灾地域：江、河、湖、泽、水库沿岸城市，城市低洼与排泄不畅地带，山体陡坡地域 承灾体：市民、建筑、生命线系统

续表

灾	害	主要承灾地域与承灾体
雪灾(较长时间大雪,集中性暴雪)	压毁建筑,阻断交通,物流停滞,郊区农牧业受损	承灾地域:我国东北、新疆与内蒙古的北部 承灾体:市民、建筑、生命线系统
风灾(台风、飓风、龙卷风)	损坏房屋建筑,树木、电线杆、标识牌,造成交通混乱、停电,台风、飓风常伴随暴雨、大潮,造成人员伤亡	承灾地域:我国台风主要发生在东南沿海与台湾省的沿海或近海地域的城市 承灾体:市民、建筑、低洼地带
地震(发生在地震活断层,震级大的浅源地震危害更大)	人员伤亡,建筑倒塌,设施损坏,生命线系统破坏或瘫痪,伴随余震,可能发生火灾、海啸、滑坡、泥石流等次生灾害,重大地震灾害使居民丧失基本生活条件、医疗条件、防疫条件,形成垃圾灾害,核电站可能发生核辐射	承灾地域:地震断裂带(特别是近断层),江河湖海的坝体,海啸可能传播到上万千米的远方海岸 承灾体:市民、建筑、设施(包括核电站)、生命线系统
海啸(近海海底地震或远距离传播的海啸波引发)	人员溺亡,淹没、冲毁建筑,生命线系统破坏或瘫痪,滨海机场(含飞机)遭受水淹或破坏,产生大量海啸垃圾,船只翻沉、冲上陆地,发生次生火灾,因河水溯流引发水灾	承灾地域:滨海城市的沿海地域,入海河流溯流沿岸,次生火灾危害地域 承灾体:市民、建筑、设施等
山体崩塌、滑坡、泥石流(暴雨、地震等引发或大量砂土与雨水、河水混流而下)	淹没、冲毁建筑与设施,人员被埋,阻断交通(包括应急救援道路、消防通道),形成堰塞湖,引发下游水灾	承灾地域:山地城市,特别是沿河谷城市 承灾体:市民、建筑、设施等

2. 人为灾害

人为灾害是由人类各种致灾行为引发的事故灾害。人为灾害包括战争,火灾,恐怖袭击,厂矿灾难性事故,严重的环境污染,集体中毒,瘟疫失控蔓延,核辐射,交通(海、陆、空)事故,违反法律法规酿成的灾难(违反标准的规划设计、建筑偷工减料、偷排大量污染物等),不作为、乱作为造成的管理事故(救灾迟缓,延误时机,扩大灾情;疏于管理,懈怠,隐瞒灾害及其灾情,违规违章处置,酿成灾害或扩大灾情等)。

5.1.2 防灾、减灾

1. 城镇灾害的形成与特点

(1) 城镇灾害的形成。

城镇灾害是致灾因子作用于城镇承灾体产生的灾难性后果。自然致灾因子形成自然灾害,人为致灾因子形成人为灾害。致灾因子未必都存在于城市内,如台风、海啸来自气象、海象。凡是能够受致灾因子影响的人与物体，都称为承灾体，人既是致灾因子，也是承灾体。城镇灾害的形成过程见图 5.1。

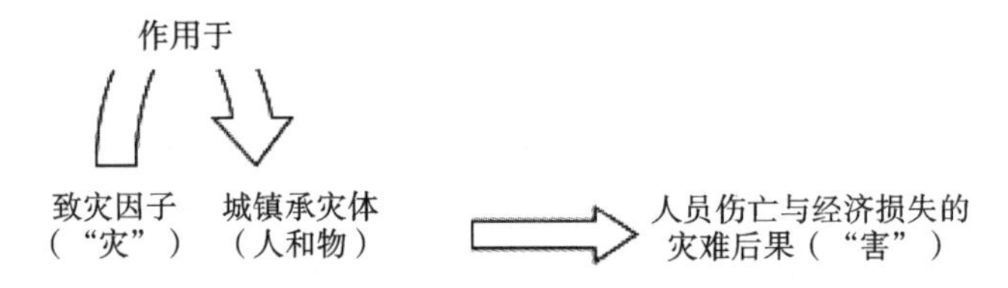

图 5.1　城镇灾害形成示意图

(2) 城镇灾害的特点。

①突发性。

部分城镇灾害的爆发具有突发性，属于突发事件。《中华人民共和国突发事件应对法》第三条规定，突发事件是指“突然发生，造成或者可能造成严重社会危害，需要采取应急处置措施予以应对的自然灾害、事故灾难、公共卫生事件和社会安全事件”。地震灾害是典型的突发灾害，在大多数情况下没有明显的前兆或前兆模糊，很难准确预测，而地震灾害一旦发生，顷刻之间，受灾地区的正常社会生活秩序、生活与工作条件突发性地遭到灾难性的破坏。

②不确定性。

灾害具有较强的不确定性，时常超出人们的预测。汶川当地的设防烈度为Ⅶ度，而实际烈度远超这个标准，产生巨大破坏；2012 年夏季，我国多个城市暴雨超出预期水平，造成内涝灾害，造成很大的人员伤亡与财产损失。由于气候与环境的变化，致灾因子的强度也随之发生变化，超出人们的设防预期，造成严重的破坏，因此，设防标准的制定应重视增加安全储备，合理利用多种手段构建防灾减灾体系。

③扩散性。

汶川的地震造成山体滑坡，形成堰塞湖，日本地震引发福岛县核泄漏。由此可见，灾害的空间影响性往往要大于发生源波及的范围，这就是城镇灾害所具有的扩散性。建筑物局部失火，可能牵连周围的建筑，甚至引起爆炸，灾害的扩散性说明城镇灾害并不是孤立发生的，特别是等级高、强度大的自然灾害的发生常常会诱发一连串的灾害。

④区域性。

灾害发生后，其影响范围不仅仅是单个城镇，部分可达上万千米，波及多个行政区域。汶川地震造成的影响涉及四川、陕西、甘肃等 10 个省市，400 多个县区。防灾减灾规划常常只是从单个行政区域入手，灾害的区域性客观上要求从区域层面统筹多个城市、多个部门进行防灾减灾的跨区域协同合作。

⑤可预测性。

随着计算机、现代通信、空间卫星、生物工程等科学技术的发展，一些灾害开始变得可以被预测，如台风、暴雨等气象灾害已经可以在灾害发生数天前预知灾害的行动路径、影响范围和可能的受灾程度。灾害情报的产生与传递对防灾、减灾和救灾具有重大的意义，应该给予足够的重视。

2. 防灾减灾

(1) 防灾。

防灾、减灾、救灾以防灾为首，体现预防为主、未雨绸缪的灾害管理原则。防灾包括硬措施和软措施两种。硬措施主要包括提高建筑与生命线系统的防灾设防水准，治理河道，加固海岸，监控山体，建立健全避难场所系统、应急救灾物资储备系统、医疗保障系统、灾害情报系统与消防系统，实施灾害预报、预警等。软措施则是指制定、实施城镇建筑防灾的法律法规，编制城镇防灾规划，开展防灾活动；指定城镇水患与山体崩塌、滑坡、泥石流等危险地域的位置与范围，禁止在指定险处建造房屋，必要时撤离居住在危险部位的居民；绘制、公布城市灾害地图，掌握各类灾害在城市的分布与灾害程度；建设城市防护林与火灾树木隔离带，防风灾、沙尘暴与火灾；在学校、社区、企事业单位开展防灾教育与演习，提高市民的防灾意识与能力；建立灾害情报的收集、传递、利用机制；等等。

(2) 减灾。

减灾是指减少灾害和减轻灾害损失。减灾的基本途径是减少灾害活动的频次、减轻灾害活动强度或活动规模，特别是避免或减少各种人为灾害活动；采取各种措施，保护受灾体或增强受灾体的抗灾能力，避免或减少受灾机会，减轻灾害破坏程度；实行有效的抗灾、救灾和灾后恢复重建措施，减少灾害的直接经济损失、间接经济损失以及灾害的社会危害。

城镇综合防灾既要遏止"灾"，也要减轻"害"，坚持"以人为本"的原则，从"灾"与"害"两个方面研究城市综合防灾。采取有效措施提高城市防灾减灾能力，消除、弱化致灾因子，从大灾转化成小灾，从有灾转化成无灾，切实维护人民群众的生命财产安全，保障社会经济的良好发展。

5.1.3 防灾减灾的基本原则

我国是世界上自然灾害最为严重的国家之一。汶川地震、舟曲泥石流、城市暴雨内涝等灾害造成的损失巨大，且爆发频次也有所增加，这与我国经济的快速发展和公众安全需求极不相适，亟需全面提升城镇抵御灾害的综合防范能力。城镇规划要正确处理人和自然的关系，防灾减灾和经济社会发展的关系，坚持以防为主、防抗救相结合，实现从注重灾后救助向注重灾前预防转变，从应对单一灾种向综合减灾转变，从减少灾害损失向减轻灾害风险转变。宜居园林式城镇综合防灾减灾规划工作应遵循以下原则。

(1) 以人为本，协调发展。坚持以人为本，把确保人民群众生命安全放在首位，保障受灾群众基本生活，增强全民防灾减灾意识，提升公众自救互救技能，切实减少人员伤亡和财产损失。遵循自然规律，通过减轻灾害风险促进社会经济可持续发展。

(2) 预防为主,综合减灾。突出灾害风险管理,着重加强自然灾害监测预报预警、风险评估、工程防御、宣传教育等预防工作,坚持防灾、抗灾、救灾过程有机统一,综合运用各类资源和多种手段,强化统筹协调,推进各领域、全过程的灾害管理工作。

(3) 分级负责,属地为主。根据灾害造成的人员伤亡、财产损失和社会影响等因素,及时启动应急响应,中央发挥统筹指导和支持作用,各级党委和政府分级负责,地方就近指挥、强化协调并在救灾中发挥主体作用、承担主体责任。

(4) 依法应对,科学减灾。坚持法治思维,依法行政,提高防灾、减灾、救灾工作法治化、规范化、现代化水平。强化科技创新,有效提高防灾、减灾、救灾科技支撑能力和水平。

(5) 政府主导,社会参与。坚持各级政府在防灾、减灾、救灾工作中的主导地位,充分发挥市场机制和社会力量的重要作用,加强政府与社会力量、市场机制的协同配合,形成工作合力。

5.2 城镇综合防灾减灾规划

5.2.1 规划准备

1. 确定规划区域

确定规划区域时,规划团队应与政府协商。一般来说,规划区域应包括政府管辖范围内的市、县、乡及社区。然而,由于一些灾害具有区域性,即同一灾种会波及多个城镇,因此灾害的治理和防御不仅仅是一个城镇的任务,单个城镇也无法有效抵御区域性灾害的发生。在这种情况下,大尺度的规划更为有利。对于多数规划区域来说,大尺度的规划是一种更为贴近实际且节约成本的风险减缓方法,更有利于带来额外的资源,如人员和技术等,这有助于减缓规划区域的灾害。大尺度的规划常常采取多区域合作的方式,这也增加了规划冲突的可能性,如果有选择合作区域的机会,那么选择有相似特点和规划目标的区域进行合作,或是合作过的区域及邻近区域是实施区域规划的最佳选择。

2. 灾害风险识别

规划区域内可能受哪些灾害类型的影响,这是灾害风险分析的首要问题。确定规划区域内可能发生的所有灾害,然后将发生可能性较大的灾害列出。灾害风险识别的主要步骤如下。

(1) 有关灾害资料的收集。

有关灾害资料的获取路径如下。

①历史记录。县志、旧有文献等记录可能包含灾害发生的日期、程度及造成的损失等信息。

②规划记录。回顾现有规划,从中查找过去发生的以及将来可能发生的灾害。

综合土地使用规划、环境规划及建筑法规等可能包含灾害的相关信息,从中确定规划区域可能存在的危险。

③专家意见。政府、学术机构及私人部门有大量有关灾害的信息。参与过以往自然灾害事件的人员是获取灾害信息的来源,如警察、消防员及应急管理人员。此外,与自然资源、地质调查及应急管理等有关的政府机构也拥有灾害种类及程度的详细资料。

(2)创建底图。

描述灾害前,应创建底图以显示易受灾害影响的区域,底图应尽可能完整和精确。建筑物、道路、河流、海岸线及地名等尽可能简洁,用现有地图或图像作为参考,可以节约成本。

(3)灾害信息描述。

灾害信息描述可以分为两类:一类是自然灾害信息描述,如洪水、地震、海啸等的信息描述。以洪水为例,应描述洪水影响的区域、河流水文特征、洪水高程、截面线等。另一类是人为灾害信息,包括对污染、放射性物质挥发、基础设施崩溃等灾害的描述。以污染为例,应描述污染对象、范围、程度、污染源等。

3. 损失评估

损失评估首先应明确规划区域内哪些财产可能受到灾害的影响,财产清单有助于了解各类灾害对规划区域的影响。受灾害影响的建筑物数量、价值及人数比例如表5.2所示,受灾害影响的财产清单如表5.3所示。

表5.2 受灾害影响的建筑物数量、价值及人数比例

建筑使用类型	建筑物数量			建筑物价值			建筑内人数		
	规划区域	危险区域	危险区域比例/%	规划区域	危险区域	危险区域比例/%	规划区域	危险区域	危险区域比例/%
居民									
工业									
……									

表5.3 受灾害影响的财产清单

财产名称	信息来源	基础设施	影响人群	历史文化	其他资产	建筑物面积/m^2	物品价值	更换价值	功能价值	置换成本	备注
桥梁											
医院											
……											

明确区域内的财产情况有助于厘清灾害带来的影响,然而,这些数据还不能确定

哪些财产的风险最大，进一步确认以下信息有助于确定财产的优先顺序，确保时间和资金的利用最大化。

①确定对区域影响大的基础设施。

②确定易受影响的人群，如老人、小孩或需要特殊关照的人群。

③确定经济因素，如规划地区的经济中心和能极大影响地区经济的企业。

④识别那些需特殊考虑的地区，如高密度的居民区和商业区，受灾害影响时可能导致大量人员的伤亡。

⑤确定历史文化地区和自然资源地区。

⑥确定灾后能使生产、生活尽快恢复的机构，如政府、银行、交通生命线机构等。

5.2.2 规划编制

防灾减灾规划编制的四个步骤，分别是确定规划目标、确定防灾减灾措施、确定防灾减灾实施策略和草拟防灾减灾规划。具体流程见图 5.2。

(1) 确定规划目标。

防灾减灾目标的制定要与城镇总体规划相协调，要考虑到城镇当前的经济发展水平和未来经济发展目标。规划目标包括防灾减灾总体目标和针对具体灾害的防灾减灾具体目标。总体目标是规划的纲领，包括社会目标、经济目标、管理目标和环境目标四项目标。具体目标是为达到总体目标而制定的策略或实施步骤，例如，保护城镇中心区的建筑使其不受洪水威胁，教育公众有关火灾防御知识，为灾后重建制定规划和创造所用资源等。

(2) 确定防灾减灾措施。

防灾减灾措施可分为工程性的和非工程性的。工程性措施，如建造避难场所，加强现存建筑物来抵抗洪水、风暴和地震的影响；非工程性措施常以宣传教育和法律的形式来提高人们对灾害的认识，降低灾害影响。常见的措施有预防、保护财产、公众教育、生态保护、应急服务、结构工程六大类。

防灾减灾措施是规划的关键，评估各种防灾减灾措施优点和当地的防灾减灾能力至关重要。通过识别、评估并优化防灾减灾措施实现规划的总体目标和具体目标，有效应对灾害。

(3) 确定防灾减灾实施策略。

①明确责任并确定合作伙伴。规划团队应明确实施中所需的组织及机构，与社区管理者、相关机构领导就防灾减灾措施实施进行交流，讨论防灾减灾措施实施的计划，确定各自责任及合作事项，明确防灾减灾措施的任务，确定相应的人员。

②确定实施防灾减灾措施所需资源。资源包括资金、技术支持和物质资源。规划团队应提供初步成本估计或预算，将各项措施分解为子任务，由子任务估算所需资金，列出实施措施所需的物质资源(仪器设备、车辆等)。

③确定实施防灾减灾措施的时间框架。确定时间框架有利于相关机构的工作人

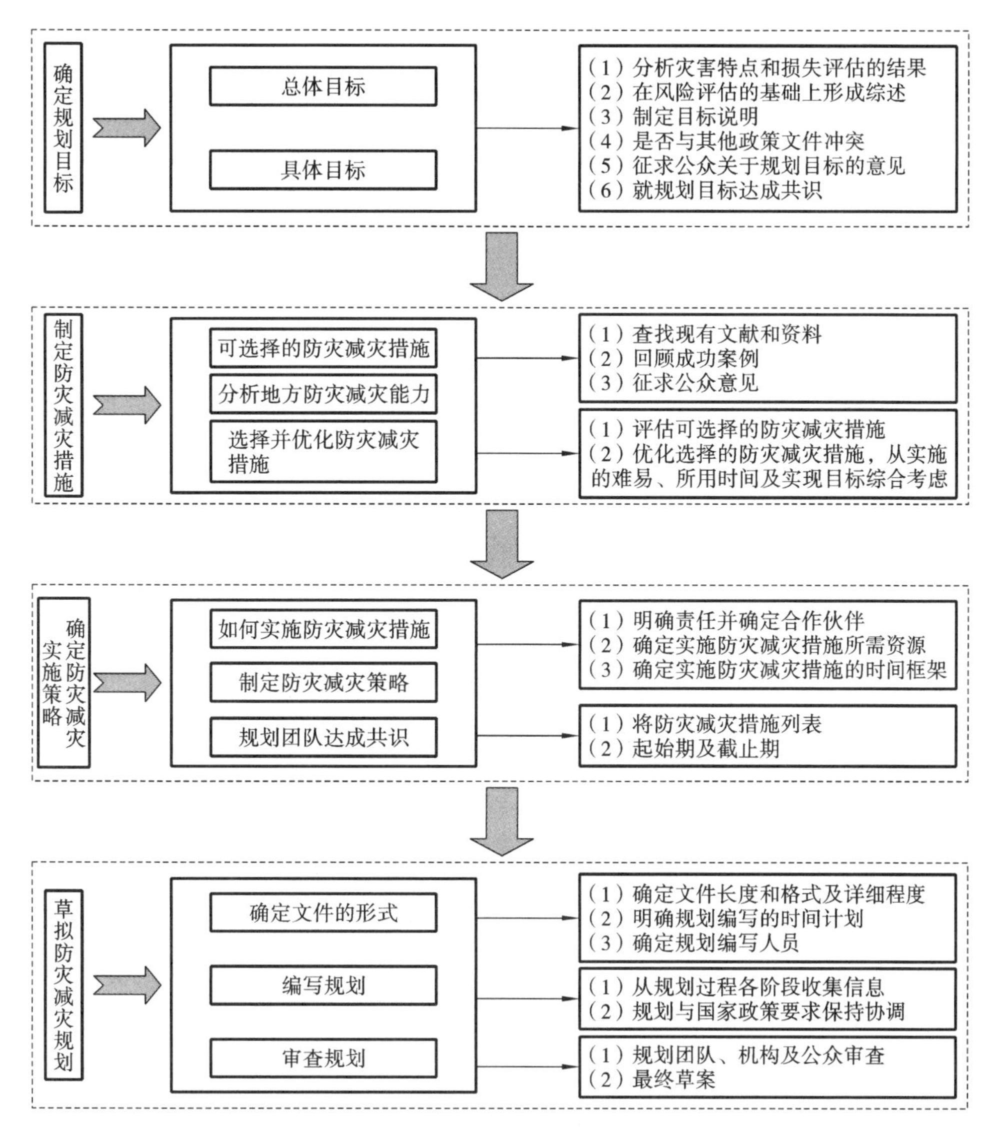

图 5.2　规划编制流程图

员按时实施防灾减灾措施，包括何时开始，何时结束，持续时间和可能出现的拖延。时间框架应充分考虑季节气候条件、资金周期、政府机构工作计划及预算等影响防灾减灾措施实施的因素。

(4) 草拟防灾减灾规划。

编制防灾减灾规划应在规划过程中逐渐展开，然后对规划做最后的整理。主要程序包括：①确定规划文件的编写形式、编写时间、编写人员；②编写规划文件；③审查规划文件。

5.2.3 规划实施与更新

(1) 规划实施。

参与防灾减灾规划的公众和政府工作人员期望看到他们努力的结果，即通过防灾减灾规划的实施降低灾害带来的损失。实施规划主要描述如何按计划实施防灾减灾措施、并将措施融入政府机构的日常工作中。规划实施的关键工作是如何确保资金到位，应确定监督规划实施的方式，向决策者汇报防灾减灾相关信息并组织成员参与措施的实施。

(2) 规划实施评价。

由于资源和条件的限制，多数防灾减灾项目是逐步开展的，应定期评估项目进展并提交评估报告，从而了解防灾减灾措施的有效性。

①防灾减灾措施是否达到规划目标。

②防灾减灾行动是否通过成本效益分析，是否有助于降低潜在损失。

③向相关机构公布评估结果。

④记录无法实施的措施，记录原因，选择替代行动或删除。

(3) 规划更新。

在规划的实施过程中，新技术、新法律与政策、新的发展模式等因素都会对已有规划的有效性产生影响，规划的更新应注意遵循以下步骤。

①原有规划目标是否可用，是否需要调整规划目标。

②重新确定防灾减灾措施的优先级。

③防灾减灾措施与可用资源是否协调。

④将修改内容纳入规划。

5.3 城镇社区防灾减灾规划

社区是城镇的基本组成单元，是各类灾害最直接的承灾体，社区防灾能力直接关系到城镇整体防灾能力的强弱，从社区层面入手进行防灾减灾规划和建设具有更好的操作性和针对性。

5.3.1 社区防灾减灾的内涵

(1) 社区与社区防灾减灾。

“社区”一词最早来源于拉丁语，意思是“共同的东西和亲密的伙伴关系”，1871年英国学者 H. S. 梅因出版的《东西方村落社区》首先使用了“社区”一词，随后德国社会学家斐迪南·滕尼斯于 1887 年出版的《社区与社会》一书中从社会学角度描述了“社区”这一概念。在不同国家和地区，社区的定义有所差别。美国学者认为社区是由彼此联系、具有共同利益和地域的人群构成的群体，成员之间的关系建立在地域的基础上；日本学者认为社区是一种综合性的生活共同体；我国台湾学者认为社区是有地理界限的社会团体，即人们在特定的地域内共同生活的组织体系。社区的定义虽然不尽相同，但一般认为社区包含以下5方面要素：①一定数量的社区成员；②一定范畴的地域空间；③一定规模的社区设施；④一定形式的社区组织与相互配合的生活制度；⑤一定特征的社区文化和一定程度的归属感。在我国的《民政部关于在全国推进城市社区建设的意见》中，民政部定义社区为居住在一定地域范围内的人们所组成的社区生活共同体，主要包括以下4方面：①社区要有一定的地域界限；②社区要存在一定的人口数量；③社区要有组织结构有序的社会实体；④存在特定的社区文化是社区存在和发展的内在要素。

社区是社会构成的基本单元，社区防灾减灾近年来得到社会各界的密切关注，提出了安全社区、防灾社区、阻灾社区等概念和相应的对策。如日本进行的"防灾生活圈"，西方发达国家提出的"具有灾害恢复功能的社区"研究等。美国联邦应急管理署对防灾减灾社区的定义是长期以社区为主体进行防灾减灾工作，促使社区在灾害发生(到来)前，做好预防灾害的措施，以降低社区的易致灾性，避免让灾害变成灾难事件。社区防灾减灾着眼于灾前阶段，减少易致灾因子，更主动地避免灾难损失及伤亡的发生；灾害发生时能够启动紧急应变、自救互救措施，从而降低灾难损失，并于灾后迅速参与推动复原重建。防灾减灾除硬件设备之外，还必须从社区居民、组织与规划方面着手，形成制度，达成共识。公共部门与社区应建立伙伴关系，共同进行社区灾害评估，确认社区风险，编制防灾减灾规划。

(2) 社区防灾减灾能力的评价原则。

国内对社区防灾减灾能力的评价大多从经济社会以及组织管理角度出发，针对性不强，涵盖面较大，既包含工程性的防灾减灾性能评价，又包含了社区防灾减灾组织管理、应急演练、地方特色等众多软性指标，综合评估较为困难。基于社区防灾减灾的准确性、客观性和实用性，此处的评价原则侧重于工程性防灾减灾社区。

①目的性原则。社区防灾减灾的目的是从城镇单元上把握防灾、减灾、救灾能力，分析影响社区防灾减灾能力的关键因素，明确社区防灾减灾的薄弱环节，以便建设、改善与维护。

②针对性原则。针对性指防灾减灾社区的规划和设计应针对社区自身易损性及其防灾减灾能力而设定。鉴于不同类型的社区有不同的灾害风险、孕灾环境和承灾体，防灾减灾社区规划既要考虑符合我国大多数社区的一般性指标，也要考虑不同社区的特殊性。

③可行性原则。可行性有两方面的要求：第一是评价指标的含义应尽量明确，使得评价主体能够做出相应的评价；第二是能够获取充足的相关信息，即评价指标所涉及的数据在现实的物力、人力条件下是能够获取的。

④实用性原则。社区防灾减灾评价指标的选择和体系的建立应对城镇社区具有普遍的适用性，同时应注意保持计算方法和范围的一致，易于为实施过程的专业人员

和非专业人员掌握。

社区防灾减灾评价指标体系的示例见表5.4。

表5.4　社区防灾减灾能力评价体系表

总　指　标	一 级 指 标	二 级 指 标
社区防灾减灾能力	社区基本特征	社区人口
		社区建筑
		社区用地控制
		社区生命线设施
	社区固有危险度	场地条件
		周边重大危险源
		建筑物易损性
		火灾蔓延危险度
	社区防灾减灾资源	疏散避难场所
		疏散道路
		消防救援
		医疗救护

5.3.2　社区防灾减灾的危险源识别

城镇社区防灾减灾规划首先需要确定社区存在的危险，对社区存在的危险度进行评估。对危险度高的社区，防灾减灾能力要求也更高。城镇社区危险源主要有场地环境、社区危险源、建筑易损性、火灾蔓延危险度、消防设备配备完备性五个方面。

(1) 场地环境。

社区场地环境主要指社区自身及周边所处的地理环境的危险程度。社区场地环境主要包括地震断裂带、砂土液化、沉降、地裂、泥石流等可能发生地质灾害的地区。对于处在该危险地段的社区应采取相应的防御措施，以确保社区的地质安全。社区应远离泄洪区、低洼地等易积水地区，选择地势较高、地形较平整的场地作为避难场所。

我国《建筑抗震设计规范》将社区场地条件分为有利地段、一般地段、不利地段和危险地段4个等级，划分标准如下。

①有利地段：稳定基岩，坚硬土，开阔、平坦、密实、均匀的中硬土等。

②一般地段：不属于有利、不利和危险的地段。

③不利地段：存在软弱土、液化土、条状突出的山嘴，高耸孤立的山丘，非岩质的陡坡、河岸和边坡的边缘，平面分布上成因、岩性、状态明显不均匀的土层（含故河道、疏松的断层破碎带、半填半挖地基等），高含水量可塑黄土，地表存在结构性裂缝。

④危险地段：地震时可能发生滑坡、崩塌、地陷、地裂、泥石流的部位，以及发震断裂带上可能发生地表错位的部位。

(2) 社区危险源。

社区危险源主要指具有潜在能量和物质释放危险的、可造成人员伤害、在一定的触发因素作用下可转化为事故的部位、区域、场所、空间、岗位、设备及其位置。社区危险源主要包括加油站、变电站、储气站、生化工厂等分布于社区周边及内部的潜在危险设施。

(3) 建筑易损性。

建筑易损性主要是指社区范围内所有建筑在灾害作用下的易损程度。社区建筑灾害主要为地震灾害，地震中因建筑倒塌或损坏造成的伤亡占伤亡比例的90%左右，因此应将社区内建筑的结构形式作为主要的考虑因素。社区内单体建筑的抗震性能是地震时保障社区居民的第一道防线，也是最重要的一道防线。

(4) 火灾蔓延危险度。

火灾蔓延危险度主要是考察社区是否可以有效地防止和阻断火灾蔓延。社区防火隔离带是指为阻止社区大面积火灾延烧，起着保护区域火灾安全的隔离空间和相关阻断设施，主要包括满足一定宽度的道路、防火建筑带和防火林木带。

参考《城市消防规划规范》(GB 50180—2015)、《农村防火规范》(GB 50039—2010)中的要求，对于建筑耐火等级低的危旧建筑密集区及消防安全条件差的其他地区(如旧城棚户区、城中村等)，应采取拓宽防火间距、打通消防通道、改造供水管网、增设消火栓和消防水池、提高建筑耐火等级等措施，改善消防安全条件，消除火灾隐患。

(5) 消防设备配备完备性。

社区内消防设备的完备性主要包括社区居民楼内消防设备配备情况，社区内消防栓的数量，大型公用建筑周边防火水槽、高区喷淋等消防设施的配备情况。我国对火灾事故执行预防为主、防消结合的原则，以生产生活引起的火灾为主，兼顾其他灾害引起的次生火灾，规划消防道路和消防避难空地要尽可能地利用已有的空地和绿地资源，并与其他防灾资源相协调。

5.3.3　社区防灾减灾的应急避难场所

社区防灾减灾资源主要包括社区应急避难场所、社区疏散道路、社区消防救援和社区医疗救护等资源。

社区应急避难场所是为了人们能在灾害发生后一段时期内，躲避由灾害带来的直接伤害或间接伤害，并能保障基本生活而事先划分的带有一定功能设施的场地，是灾后保障民众安全和基本生活的重要场所。

社区应急避难场所可以由城镇居民住宅附近的小公园、小花园、小广场、专业绿地以及抗灾能力强的公共设施充当，也包括高层建筑物中的避灾层(间)等，其主要功能是供附近的居民临时避灾疏散。社区应急避难场所除了要承担避灾功能外，还兼有应急疏散、医疗救护、物资集散、救援、灾后重建等多种功能。规划时要依据城镇发展现状，结合总体规划，结合绿地系统规划等专项规划，提高城镇避灾疏散的条件，加强避灾疏散的安全性。

社区应急避难场所的规划建设要满足对地质环境、自然环境、人工环境、抗震和防火安全等条件，避难基本设施的设置要符合规范的要求，我国的现行规范《城市抗震防灾规划标准》(GB 50413—2007)、《地震应急避难场所场址及配套设施》(GB 21734—2008)、《防灾避难场所设计规范》(GB 51143—2015)、《城市社区应急避难场所建设标准》(建标 180—2017)等对避难场所的建设做出了相关规定。避难场所作为灾后人员的避难安全场地，规划设计时要考虑多方面因素，《防灾避难场所设计规范》(GB 51143—2015)中社区应急避难场所的指标体系如图 5.3 所示，主要包括避难场所安全性、有效避难面积、道路可通达性、基础设施完备程度、防灾标识设置和应急设施完备程度。

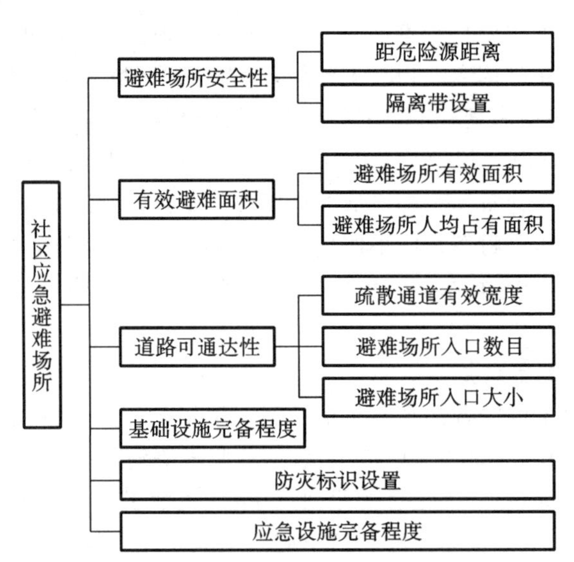

图 5.3 社区应急避难场所指标体系

1. 避难场所安全性

(1) 距危险源距离。

避难用地应避开易燃易爆危险物品存放点、严重污染源以及其他易发生次生灾害的区域，距易燃易爆工厂仓库、供气厂、储气站等重大次生火灾或爆炸危险源距离不应小于 1000 m，以保证避难场地安全，评价时应取距离危险源的最小距离。

(2) 隔离带设置。

避难区块之间应设隔离安全带，配设防火设施、防火器材、消防通道、安全通道，应急功能区与周围易燃建筑等一般次生火灾源之间应设置不少于 30 m 的安全防火带，有火灾或爆炸危险源时，应设置防火隔离带，数值选取距离火灾源的最小防火安全带宽度。

2. 有效避难面积

(1) 避难场所有效面积。

为保证避难场所能满足灾民一定的活动空间，提供灾后救援场地，社区应急避难场所有效面积宜大于2000 m^2。

(2) 避难场所人均占有面积。

固定避震疏散场所人均有效避难面积不小于2 m^2，紧急避震疏散场所人均有效避难面积不小于1 m^2，超高层建筑中避难层(间)的人均有效避难面积不小于0.2 m^2。人均有效避难面积由避难人数和避难场所的有效面积确定。社区应急避难场所容量为400～64 000人，服务半径宜为2～3 km，步行1 h之内可以到达，具体避难容量由避难所服务范围内居住人数确定。

3. 道路可通达性

(1) 疏散通道有效宽度。

紧急避难疏散场所内外的避难疏散通道有效宽度不宜低于4 m，固定避难疏散场所内外的避难疏散主通道有效宽度不宜低于7 m。

(2) 避难场所入口数目。

应急避难场所应有方向不同的两条以上与外界相通的疏散道路及出入口。

(3) 避难场所入口大小。

《防灾避难场所设计规范》中给出不同避难期的避难场地总宽度下限见表5.5，按照不同种类避难所对入口大小的要求，社区固定避难所入口宽度应不小于10 m/万人。

表5.5　避难场地总宽度下限　　单位:m/万人

避难期	紧急	临时	短期	中期	长期
宽度	10.0	10.0	10.0	8.3	6.7

4. 基础设施完备程度

避难场所应具备一定的功能设施，按照我国《地震应急避难场所场址及配套设施》相关规定，应急避难场所应具备至少9项最基本的功能设施，其中包括应急篷宿区设施、医疗救护与卫生防疫设施、应急供水设施、应急供电设施、应急排污系统、应急厕所、应急垃圾储运设施、应急通道、应急标志。如条件允许，或确有必要，还应增设包括应急消防设施、应急物资储备设施、应急指挥管理设施3项一般设施，以及包括应急停车场、应急停机坪、应急洗浴设施、应急通风设施、应急功能介绍设施在内的5项综合设施。

5. 避难场所标识设置

社区防灾避难场所建设，应规划和设置引导性的标识牌，并绘制责任区域的分布图和内部区划图。场所周边主干道、路口应设置指示标识，出入口应设置避难场所主标识，主要通道路口应设置应急设置的指示标识等。

6. 应急设施完备程度

社区应急避难场所构成应包括避难建筑、避难场地和应急设施。避难建筑应根据灾害种类，合理设置应急避难的生活服务用房和辅助用房，其中生活服务用房包括应急避难室、医疗救护室、物资储备室；辅助用房可包括值班室、公共厕所；社区应急避难场所的场地应包括应急避难区、应急管理区、应急医疗救护区、应急厕所、应急供电区、应急供水区等；社区应急避难场所的应急设施应包括应急供电设施、应急供水设施、应急广播设施等。

第6章　宜居园林式城镇文化保护传承

文化传承是宜居园林式城镇建设发展的重要方面，而推进文化保护、弘扬中华优秀传统文化、延续城市历史文脉，更是实现文化强国战略的重要举措。加强宜居园林式城镇文化保护，是建设社会主义先进文化，贯彻落实科学发展观和构建社会主义和谐社会的必然要求。

《中华人民共和国城乡规划法》第四条规定，制定和实施城乡规划，应当保护历史文化遗产，保持地方特色、民族特色和传统风貌。第三十一条要求对城市旧城区的改建，应当保护历史文化遗产和传统风貌，合理确定拆迁和建设规模，有计划地对危房集中、基础设施落后等地段进行改建。规划法明确要求自然与历史文化遗产保护等内容，应当作为城市总体规划、镇总体规划的强制性内容。

宜居园林式城镇文化保护规划是为了继承和保护城镇文化遗产，包括保护物质文化遗产和活化非物质文化遗产。物质文化遗产是具有历史、艺术和科学价值的文物，包括古遗址、古墓葬、古建筑、石窟寺、石刻、壁画、近代现代重要史迹及代表性建筑等不可移动文物，历史上各时代的艺术品、文献、手稿、图书资料等可移动文物；以及在建筑式样、分布均匀或与环境景色结合方面具有突出普遍价值的历史文化街区、城镇。非物质文化遗产是指各种以非物质形态存在的与群众生活密切相关、世代相承的传统文化表现形式，包括口头传统、传统表演艺术、民俗活动和礼仪与节庆、有关自然界的民间传统知识和实践、传统手工艺技能等，以及与上述传统文化表现形式相关的文化空间。

6.1　宜居园林式城镇文化保护类型

园林式城镇文化保护类型分为完整保护型，格局完整型，点、线、面保护型和点状保护型。

6.1.1　完整保护型

城镇的格局风貌比较完整，基本为传统建筑，新建建筑少。在保护工作中要把居民的需求摆在首位。坚持“以人为本”的开发建设原则。在处理保护与开发、保护与旅游、保护与居民生活等多对矛盾关系时，要以历史保护为基础，旅游开发为手段，并通过城镇景观保护与整治以彻底改善居住环境，如平遥古城、丽江古城（图6.1、图6.2）。

图 6.1 平遥古城

图 6.2 丽江古城

6.1.2 格局完整型

城镇的格局保护较好，同时又有比较重要的古迹存在。古城风貌犹存，或格局、空间关系等尚有值得保护之处。应结合文物古迹和历史地段的保护，重点保护格局形态，体现城镇历史文化风貌，如山东聊城光岳楼和平谷县狮子楼(图 6.3、图 6.4)。

图 6.3 聊城光岳楼

图 6.4 聊城平谷县狮子楼

保护这些古城镇的风貌，一方面要保护文物古迹、历史文化街区，这样也就保存了外部形象，它们是构成古城镇风貌的点睛之笔；另一方面要在古城镇有限的范围内，要求新建、改建的建筑体现古城风貌的特色。这绝非要求新建筑仿古、复古，而是要求设计既体现现代化特征，同时又与古城传统风貌相联系。

6.1.3 点、线、面保护型

古城镇的整体格局和风貌已不存在，城镇有若干体现传统历史风貌的点状文物古迹，如保定古城具有直隶总督署、古莲花池、西大街和城隍庙及其历史街区。应通过城镇景观设计与控制使其形成完整的空间网络，用局部地段来反映城镇历史延续和文化特色(图 6.5、图 6.6)。

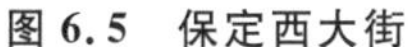
图 6.5　保定西大街

图 6.6　保定古莲花池

6.1.4　点状保护型

一些传统的城镇目前已找不到值得保护的历史街区，要全力保护好文物古迹及其周围环境。通过整治环境将文物古迹保护好，表现出这些文物古迹的历史功能和当时达到的艺术成就。

6.2　宜居园林式城镇文化保护规划

6.2.1　规划编制的原则

（1）历史文化城镇应该保护城镇的文物古迹和历史地段，保护和延续古城的风貌特点，继承和发扬城镇的传统文化，保护规划应根据城镇的具体情况编制和落实。

（2）编制保护规划应当分析城镇历史演变及性质、规模和相关特点，并根据历史文化遗存的性质、形态、分布等特点，因地制宜确定保护原则和工作重点。

（3）编制保护规划要从总体上采取规划措施，为保护整体历史文化遗存创造有利条件，同时又要注意满足城镇经济、社会发展和改善人民生活和工作环境的需要，使保护与建设协调发展。

（4）编制保护规划应当注意对城镇传统文化内涵的发扬与继承，促进城镇物质文明和精神文明的协调发展。

（5）编制保护规划应当突出保护重点，即保护文物古迹、历史文化街区、风景名胜及其环境。特别要注意抢救和保护濒临破坏的历史遗迹。对已不存在的文物古迹一般不提倡重建。

6.2.2　规划编制的内容

园林式城镇文化保护规划是以保护历史文化、协调保护与建设发展为目的，以确定保护的原则、内容和重点，划定保护范围，提出保护措施为主要内容的规划，是城镇总体规划中的专项规划。

规划内容涉及历史文化城镇的格局和风貌；与历史文化密切相关的自然地貌、水系、风景名胜、古树名木；反映历史风貌的建筑群、街区、村镇；各级文物保护单位；民俗精华、传统工艺、传统文化等。

规划中注意以下内容。

(1) 规划必须分析城市的历史、社会、经济背景和现状，体现名城的历史价值、科学价值、艺术价值和文化内涵。

(2) 规划可建立历史文化城镇、历史文化街区与文物保护单位三个层次的保护体系。

(3) 历史文化城镇规划应确定城镇保护目标和保护原则，确定城镇保护内容和保护重点，提出城镇保护措施。合理调整城镇分区的职能，控制人口容量，疏解城区交通，改善市政设施，以及提出规划分期实施及管理的建议。

(4) 规划应包括城镇格局及传统风貌的保持与延续，历史地段和历史建筑群的维修与整治，文物古迹的确认。

(5) 规划应划定历史地段(历史文化街区)、历史建筑(群)、文物古迹和地下文物埋藏区的保护界线，并提出相应的规划控制和建设的要求。

6.2.3 保护规划的基础资料

保护规划方案是在充分掌握和分析城镇历史和现状的基础上产生的。与其他规划相比，现状调查的工作量要大得多，调查资料是保护规划的依据之一。编制历史文化保护规划需收集的基础资料一般包括以下内容。

(1) 城镇历史演变、建制沿革、遗址兴废变迁。

(2) 现存地上地下文物古迹、历史文化街区、风景名胜、古树名木、革命纪念地、近现代代表性建筑、历史建筑以及有历史价值的水系、地貌遗迹等。

(3) 特有的传统手工艺、传统产业及民俗精华等非物质文化遗产。

(4) 现存历史文化遗产及其环境遭受破坏威胁的状况。

6.2.4 保护规划的成果要求

保护规划成果一般由规划文本、规划图纸和附件三部分组成。

(1) 规划文本。

规划文本表述规划意图、目标和对规划有关内容提出的规定性要求。文本表达应当规范、准确。它一般包括以下内容：城镇历史文化价值概述；历史文化保护原则和保护工作重点；整体层次上保护历史文化的措施，包括古城功能的改善、用地布局的选择或调整、古城空间形态或视廊的保护等；各级文物保护单位的保护范围、建设控制地带以及各类历史文化街区的范围界线；对重要历史文化遗存修整、利用和展示的规划意见；重点保护、整治地区的详细规划意向方案；规划实施管理措施等。

（2）规划图纸。

规划图纸用图像表达现状和规划内容。包括文物古迹、历史文化街区、风景名胜分布图，比例尺为 1∶5000～1∶10 000。可以将市域或古城区按不同比例尺分别绘制，图中标注名称、位置、范围（图面尺寸小于 5 mm 的可只标位置）；历史文化城镇保护规划总图，比例尺为 1∶5000～1∶10 000，图中标绘各类保护控制区域，包括古城空间保护视廊、各级文物保护单位、风景名胜、历史文化街区的位置、范围和其他保护措施示意；重点保护区域界线图，比例尺为 1∶500～1∶2000，在绘有现状建筑和地形地物的底图上，逐个、分张画出重点文物的保护范围和建设控制地带的具体界线；逐片、分线画出历史文化街区、风景名胜保护的具体范围。

（3）附件。

附件包括规划说明和基础资料汇编。规划说明书的内容是分析现状、论证规划意图、解释规划文本等。

6.3　宜居园林式城镇文化保护

6.3.1　文物古迹的保护

城镇开发建设有相当数量是在原有旧城镇基础上进行的，这些旧城镇或多或少还保留着一些文物古迹和古建筑，尤其是具有标志性的古建筑，如古城墙、古城门、钟楼、鼓楼或较大型的庙宇寺院等，它们对旧城镇的形象起着至关重要的作用。

1. 保护内容

城镇风貌和历史古迹保护的内容大体可以分为以下三类。

第一类：在城镇规划和城镇发展史上具有历史意义的古代建筑物和构筑物，具有重大意义的近现代建筑物和构筑物。

第二类：古文化遗址，比较集中的文物古迹地段以及尚未完全探明的地下历史遗存区域。

第三类：古典园林、风景名胜、古树名木及特色植物。

在保护中，既要注意地面上可见的文物，又要注意埋藏在地下的文化遗址；既要注意古代的文物，又要注意近代具有代表性的建筑及革命纪念地；既要注意已经定级的重点文物保护单位，又要注意尚未定级而确有价值的文物古迹。在普查的基础上抓紧对它们定级，经论证无须保有原形的可采取建立标志或资料存档等方式妥善处理。

对文物古迹的保护包括文物建筑本身的保护和建筑艺术环境的保护，在保护中应充分发挥其在新的城镇空间与景观中的场所认同作用，同时考虑赋予它们新的使用功能。

2. 文物建筑的保护方法

（1）冻结保护。

冻结保护即将保护对象原封不动地保护起来，允许必要的修缮和加固，但必须以不改变原貌为前提，并且修复和增添的部分应该是可以识别的。

著名的《威尼斯宪章》总结了欧洲各国的经验和教训，提出了修复的方法和原则，并逐渐成为欧洲及世界各国公认的准测。一是真实性原则，规定要保存历史原物，反对一切形式的伪造，修复一定要有完整、详细的资料，尤其是对具有较高考古价值和历史文献价值的文物建筑（重点级文物保护单位），在进行修复工作时，人们特别强调对其进行全面的考古和历史研究，特别要尊重原始资料和确凿的考古证据，而不能有丝毫的臆断。二是保存全历史信息原则，观赏一个文物建筑如同阅读一部史书，要读出各个时代留下的痕迹，看出各个时代的产物。三是可识别原则，修复时的添加物要与整体和谐，但又要与原来的部分有明显区别，使人民能够识别哪些是修复的东西，哪些是过去的痕迹。四是可逆性原则，即加固和维护措施应尽可能地少，而且不应妨碍以后采取更有效的保护措施。

另外，还应注意对尚未探明的地下历史遗存区域采用"冻结"保护方式，即在该区域内不再建造任何永久性的建筑物，已建造的建筑不再更新或增建，以便为今后进一步的研究挖掘减少阻力和经济损失，以保证地下遗存不再受到进一步人为的破坏。

（2）复原和重建。

历史上有些十分重要的建筑物已被损毁，但它们对体现地方特征确实至关重要，起着象征性作用。有选择性地重建一些具有重要意义的历史建筑，使中断的城镇历史文化延续，不失为保护历史建筑的一种有效方式。因此在条件允许的情况下，部分文物是有必要重建的，在重建的过程中一般总是或多或少地加入时代的材料或技术的印迹。但重建必须谨慎，因为重建必然失去了历史的真实性，在许多情况下，保存遗迹更有价值。复原和重建的对象一般是城墙、陵墓、名人雅居的遗迹或宗教庙宇。

（3）迁移保护。

严格地说，文物建筑是不能搬迁的。但一些客观现实又迫使我们不得不把搬迁作为文物建筑保护的一种方法。随着经济的发展和交通的变化，对于分散和零星的建筑，如在城镇建设中影响城镇功能，严重影响城镇的正常运行，阻碍城镇发展的，或是原址对其保护不利的，可以相应划出一块地段作为一些比较有价值的文物建筑的迁移安置地，照原样建成独特风格的古建筑小区。文物迁移重建时有严格的要求，如：尽可能大块地按原状迁移并编号；重建时按编号复原；重建的文物古迹不仅要求完全恢复单体原状，同时也要求重建的环境尽最大可能与原环境相似，等等。例如：河北省平山县西柏坡中共中央旧址位于岗南水库淹没区内，于1971年迁至北面的山坡上（图6.7、图6.8）。

（4）使用中求保护。

保护和利用相结合已成为历史性建筑保护的重要原则。不因为使用需要改变文物建筑原有的空间形态、建筑格局和原有的装饰色彩，包括主要的、大的环境因素。

①继续原有的用途和功能。经过修缮的古建筑在某种程度上使破损的古建筑有

图 6.7　西柏坡旧址内景

图 6.8　西柏坡新址外景

了再利用的可能，按照古建筑的初始功能进行再利用，会提高古建筑的价值。这种方式意味着对古建筑做最少量的变更，有利于保护建筑各方面的价值，降低费用。国外绝大多数的宗教建筑以及一部分行政建筑和部分王宫都属于这一类型。在我国城镇中，寺庙可采用这种方式。

②改变其使用性质，为现代服务。对于已经失去原有功能且等级较低的古迹，可作如下处理，如：结合庙宇设置公园，结合大宅院设置敬老院、文化站，结合戏台设置文娱活动场地，或作为小品使用。镇区范围内的建筑物、构筑物，根据其风貌、年代、质量、功能、高度等状况，采取相应措施，实行分类保护。

③目前，越来越多的一种方式是利用古迹点作为参观旅游的对象。对于古迹点较多又较分散的地区，可采取开辟与公路有一定联系的小环路的规划方式，即从空间上限定保护区，又可使人们顺路观赏。

6.3.2　古建筑环境的保护

中国古建筑是一种人文性、文化性很强的形态，它与现代建筑的几何变异的表现格格不入，由于古建筑多较为矮小，也很难与高大体量的现代建筑形式对比，往往成了现代建筑旁的“大盆景”。

传统建筑塑造了一种较低矮的环境，不利于融入城镇环境，城镇规划建设对于重点古建筑周围环境的处理，可通过下列途径实现。

(1) 保护原始环境。

中国的古代建筑十分讲究礼制，强调长幼有序、尊卑有别，因此群体布局、空间序列是表现主题、烘托气氛的主要手段。在城镇建设过程中，应尽可能地保持原文物环境和氛围，根据原设计意图和《文物保护法》，提出环境控制范围和建设要求。在保护范围内，不得进行其他建设工程；在建设控制地带内仿建、新建建筑物和构筑物，其建筑高度、尺度、比例、材料、色彩予以严格控制，不得破坏文物建筑的环境风貌，并进一步明确这两个范围内的一切建设活动需审批的特殊程序——征得文物管理部门的同意。如:保护陵墓应该同神道、石像生一起保护,神道、石像生是陵墓的组成部分,它反映了陵墓主人的地位,反映陵墓的保护范围应从神道划起。同时保护其自然环境风貌,连同其周围的山峦背景等一概列入保护对象。

(2) 隔离。

在新老建筑间可用道路、树木等予以隔开,从空间上对保护范围做出较明确的限定。树木是一种奇妙和优美的环境因素,以姿态、高度、枝叶从视觉上调和并消除相邻之间的矛盾,这样不仅能为环境增色,也可以缓解城镇喧闹的气氛。尺度合宜的道路也可构成古建筑的保护距离,规模很小的古建筑个体可作为交通岛处理,成为美化街道景观的观赏性建筑,但应注意预留缓冲环境,防止交通污染对古建筑的影响。用绿化和环路使古建筑独立出来,构成了保护界限,对古建筑的隔离是最佳物质环境,有效地化解对立冲突的城镇景观形象上的矛盾。

(3) 作为标识城镇的建筑物。

古建筑在城镇骨架系统中可以起到标识城镇的作用。当古建筑体量较小时,可将其置于构图中心,或置于中轴线上等,将古建筑组织到城镇整体环境中,不失自身独有的地位和性格。

(4) 协调新老建筑。

协调新老建筑有以下两种方法。

①仿古延伸:在传统建筑环境中添加新的建筑,常用手法是模仿历史建筑。通过对传统建筑的实体、空间与文化内涵的理解,对传统建筑间接模仿,这是协调历史与现代建筑之间关系的一种手段。如利用统一建筑材料、协调色彩,同一装饰母题等手段,对古建筑环境进行扩展,以仿古形式创造一个有利于古建筑保存的环境,使新建筑不突出个性,并能形成连续的背景,衬托古建筑的特色。国内比较风行的古迹点延伸仿古城镇属于此类手法,如汉中诸葛古镇(图 6.9)。不过,从环境的仿古来维护真古迹的存在环境,仍是静态的。

图 6.9　汉中诸葛古镇

②对比和谐:运用构图规律的对比手法达到统一,包括垂直与水平、高与低、虚与实、轻与重、动与静、粗糙与光洁、直线与曲线等的对比。简单地说,就是采用与传统风格截然不同的艺术表现形式。这种形式非常具有时代感,但它并不是随意表现,而是针对具体的时空脉络,顺应自然孕育而成。

6.3.3　历史地段的保护

1986 年国务院在公布第二批国家级历史文化名城时,正式提出了保护历史地段的概念,文件中指出:对文物古迹比较集中,或能够完整地体现出某一历史时期传统风貌和民族地方特色的街区、建筑群、小镇、村落等也应予以保护,可根据它们的历史、科学、艺术价值,核定公布为地方各级历史文化保护区。文件中所说需要予以保护的街区、建筑群等即为历史地段。历史地段是指在城镇历史文化上占有重要地位,并代表城镇文脉发展并反映城镇特色的地区。它具有浓郁的传统风貌,真实的建筑遗存,具有一定规模,并形成完整和协调的视觉效果。

历史地段的保护总是与城镇的发展建设息息相关。城镇是一个文化生态系统,新陈代谢是永恒的规律,城镇的平衡发展就体现在贯穿于过去、现在、未来的成长过程中。这就决定了历史地段的保护不同于单个文物古迹博物馆式的收藏,它是为了使蕴藏历史风貌的特定地段能保持稳定的状态。它的保护不是切断自身的发展,而是通过规划的引导与制度的调换,让发展的脚步更为稳妥,历史地段的保护实质上是保护和更新的辩证统一。在许多具有历史传统的城镇中,尽管大多数地段已被现代的居民区、商业区取代,但仍有小片的传统街区保存下来,人们通过这些区域、地段,可以看到当年兴旺发达的景象,具有保留价值。

传统城镇中的历史地段主要指历史上遗留下来的商业区、寺庙区、居住区、风景区等。

1. 保护内容

(1) 历史地段的城镇环境和体形特色。

保护和延续原有的空间结构和网络,具体体现在传统的道路格局、河湖水系、山体地形等,历史地段的内部道路格局常常具有该地段乃至整个城镇的个性。保护原有的空间尺度感觉,包括建筑的体量高度和街道的宽度,它能体现建筑物与外部空间的关系,是体现城镇肌理的重要组成部分。保护空间的界面特征,包括建筑物的立面、屋顶、质感等。

(2) 居民生活环境的改善与地段功能的复兴。

历史地段的保护也要体现对现代生活的关怀。历史地段通常存在设施老化、居住环境恶劣、居住人口流失等问题。在保护更新工作中,需特别注意。改善居民的居住条件,除重点民居外,其他传统民居在保留建筑外观时,根据现代生活方式的要求,对内部进行改造,增加现代化厨卫设施,改善日照通风条件,适当装修;调整道路结构,改善街区内的给水、排水、电力、电信以及防灾等基础设施;结合一些与古城功能、性质有冲突，影响环境质量与视觉景观的设施的搬迁，及一些特点不显著的破损建筑的拆除，适当增加广场绿地，以适当降低建筑密度和居住密度；根据一定的服务半径，增设各种生活及文化服务设施等。

为了地段复兴，借助于观光旅游活动的开展，要妥善设置停车场、旅馆、观光中心及导游标志，充分考虑污水处理、垃圾存放等问题。

2. 保护方法

历史地段的保护有两种：适应城镇新陈代谢的机制，保护其历史文化的风貌，并在改造与更新中获得新生；剥离人的现实生活，使其成为文物古迹区。对于后者只有采取全方位保护。

在城镇现代化建设过程中，人们在历史地段生存和发展，剥离是不可能的，因此历史地段的保护既要强调整体性，又要考虑到发展性。为了保证具体实施的可操作性，可依据建筑与环境的价值、质量、特点等因素，在历史地段中划分出三个层次，分别采取不同的处理方法。

①第一层次：维护。

对于历史地段中的文物保护单位或保存完好的建筑，在保护维修的基础上进行再开发，作为开展旅游和进行社会教育的场地。我国很多地区在历史地段内修建特色商业街、民俗博物馆等，都取得了很好的社会与经济效益。这一层次一般限制在较小的范围内。

②第二层次：改建。

在历史地段中存在的普通民宅、街巷等，由于时间的积累，都有不同程度的残损，或已不能适应现代生活的需要。因此，有必要在保持历史地段原有使用功能、空间组织和社会结构的基础上进行审慎的更新改造。保护和发展紧密结合是保证历史地段得以延续和再生的必要前提。

传统街道一般比较窄小，建筑层数较低（1～2层），一般高宽比为1∶1，这种宜人的空间尺度成为一般传统街道的空间特征。在道路改造建设时，要充分考虑历史与城市现状形态特征，维持原有的道路格局，不要采用大拆大建、拓宽取直的做法，维护好古城风貌和街巷空间的宜人尺度，保持沿街建筑高度与路面宽度的良好比例关系。尽量不扩宽马路，并尽可能通过交通组织、交通管制疏导古城内的交通流量，缓解交通压力。

③第三层次：新建。

在历史地段中，有些建筑虽失去了修复价值，但需要进行必要的插建和补建。新建必须是慎重的，应在不破坏整体环境的前提下进行，同时也应继承和发展地区的历史文脉。

对于非全方位保护的历史街区，为了不使残缺破损的遗迹太突兀，可在环境中添建一些衔接性的具有传统风貌的事物作为铺垫，使其形成较完整的空间段落。

新建建筑的规模、体量不可过大，建筑物的体量必须和街道格局和空间相适应，建筑间距应宜人适度，形式以保留建筑为蓝本，加以补充并仿建；建筑群体的排列和组织宜起伏，忌多变，忌统高、平板，使街巷空间保持自然发展形成的特殊肌理；街道空间排列组织宜曲折，有进有退，忌直白无变化，增添活跃的气氛和趣味性。

街道两侧的建筑设计，其材料、色彩、形式、尺度都要严格控制。预防旅游业发展和商店建设带来的冲击和视觉环境污染现象发生，对户外广告、门面、招牌采用传统形式和和谐色彩。

6.3.4　古城镇的整体保护

城镇中文物古迹的保护不应仅仅停留在建筑单体和历史地段层面上，还需要建立在整体保护与发展系统规划的基础上。通过城镇总体布局拓展和功能结构调整，为城镇保护提供前提，而精心的城市设计更能保护和强化历史环境的传统风貌和特色，可以妥善地处理好保护和发展的关系，减少城镇现代化建设可能对历史环境和文物古迹造成的不良影响。保护方法可分为整体结构保护、城镇轮廓线保护、自然环境保护和历史环境保护。

1. 整体结构保护

许多传统城镇是一种在漫长的岁月中自然发展起来的自然城市。在江南水乡，傍水而居、以水为街的城镇风貌是长期形成的，人们的生活向水面敞开，建筑组团也顺应水势而并不过多考虑朝向等要求。北方的城镇则采取以街道为主、以集市为中心的格局，人们的生活私密性较强，通常只有集市才是较开放的场所，建筑组团常常是依朝向而定的行列式布置。外观均具有强烈的整体感，多向的，层层叠叠的，有机和随机并置，使每一部分都不可缺少。同时城镇多以高密度、小体量的民居向街坊线形汇聚而成。在水平方向自由曲折地伸展，形成分区段的公共聚集场所。在城镇空间里，从家庭、邻里到街道，熟悉的环境使人们有较强的亲近感。在进行城镇规划建设时要有意识地保留传统格局，使人们能够看到该城镇的历史面貌。

（1）开辟新区，保护古城。

城镇的发展、人口的增长、经济活动的拓展、城镇规模的扩大、交通流量的增加均会对处于饱和状态的旧城构成巨大威胁。这时从城镇规划上开辟新的区域，将新的建设和体现城镇现代化的新功能引向城外新区，在规划布局上为保护创造了有利的先决条件，使保护与发展并行。

新城区的发展可不受古城风貌与格局的制约，但不能脱离传统文化盲目进行，应与古城区一起，在新的生活形态和新的技术水平下继续发扬地方传统文化的精神内涵，营造特定的文化氛围。主要类型有新城围绕旧城发展、新城在旧城的一侧或几侧发展、旧城和新城完全分开发展三种类型。

在我国，一些有条件的历史文化名城在经过几年的实践之后采取了开辟新区、另建新城的方式，如辽宁兴城、陕西韩城、山西平遥。平遥采取全面整治新区建设的措施来缓解古城的矛盾，改善居住环境。其保护规划在遵循城市总体规划的前提下，对城市的布局结构进行调整，其目的在于保护古城外部空间环境和生态环境，形成良好的城市布局结构，使古城不被新区发展包围。整个城市形成古城区、西关区、东关区和城南区，各区间以绿化、河川进行隔离，城北形成视野开阔区。这种方法适用于历史文化名城、名镇中旧城区的保护，也适用于有较大历史文化价值且保存完好的小镇。但采用另建新区的方式，一方面忽略和限制了老区的发展，另一方面也造成了土地的大量占用，应谨慎行事。

(2) 保护道路网格局。

保护道路网格局主要是保护旧城的步行街道系统，这样的街道系统富有艺术情趣，并适合人的尺度。目前可采用限制车辆交通，将原有道路改为单行线或辟为步行街和步行区等方法，一些有重要意义的历史性城镇可作为步行城。在历史性城镇或地区，通常采用的方法是将文物古迹集中的地区或集中体现城镇传统空间格局的地区辟为步行区，机动车交通在外围环绕，步行路线与车行路线交汇即为步行区域的入口，设置停车场等交通停放、换乘服务设施。步行街区内部则由计划的游览路线将主要景物古迹连起来。

2. 城镇轮廓线保护

城镇轮廓线是作为边沿的空间形态而展现的，它由城镇众多实体，包括人工和自然实体共同组成，又称天际线。构成城镇轮廓线的最小单位是建筑的天际轮廓线，城镇建设步伐的加快会使城镇轮廓线不断变化。所以应保护高耸的地标，如古塔、拱桥、大树名木等，必须严格控制历史文物建筑周边环境和更新建筑物的高度，确保历史文物建筑的主导地位，体现出城镇对历史文化的尊重。

3. 自然环境保护

城镇开发建设应全方位深入地着眼于整个地区的生态环境和历史环境的平衡发展，创造优美宜居的城镇景观生态。

(1) 水文化保护。

许多城镇的历史文化与水息息相关。如苏州地区的周庄古镇因水成街，人们傍水筑屋，依水建市，前街后河。在河路相间，河、埠、桥、街、店、宅相宜的布局下，形成了小桥流水的江南水乡格局。由于人的活动和影响，城镇不是纯自然景观，而成为城镇的文化景观。在规划中可根据具体情况对水系保护采取措施。如丽江水系保护严格规定不得改变现状河、沟、渠、井系统；现有水系严禁覆盖、改道、堵塞、缩小或占用过水断面。尽快建设排污管道，严禁向河道排放污水和倾倒垃圾、废物，在河道的一定地段(如桥下)设置网状遮挡物，挡住水面上的浮游杂物，定期疏浚河道，整治驳岸、护坡，拆除遮挡和覆盖主河道的建筑，河道两侧空地种植树木，以改善河道绿化，提高景观质量。

(2) 建筑周围环境保护。

结合文物景观进行绿化，采取“点、面、线”相结合的方式，提高保护范围的绿化覆盖率，调节气候，美化环境。同时，绿化具有一种奇特的天然亲和力，能够不拘一格，同任何不同性质、特色的建筑与环境达到协调、融洽的地步。此外，还对不同景观或不同建筑风格基调起到过渡、转换的作用。

(3) 古树名木保护。

城镇绿化历经沧桑现已保留不多，因此更加珍贵。古树名木本身就是城市历史的见证，应采取保护措施。在建设规划中要为古树名木留出足够的生存空间，保护其原有的生态环境，并可通过挂牌说明的方式，引起人们的重视，自觉加以保护。

4. 历史环境保护

我国城镇的主体形态从总体来看，有两个方面：一个是重点建筑，另一个是一般建筑。二者不可分割，缺一不可。高大的、占制高点的建筑，如钟鼓楼或城楼，可以说是重点建筑，民居则是一般建筑。民居建筑构成了城镇的背景，是量最大的，反映了当地人过去如何对待当地的历史、文化、气候和其他自然条件。

在城镇的发展过程中，民居建筑作为历史文化遗产的组成部分，应很好地保存下来。目前，城镇民居保护主要存在下列问题：一是居住环境质量差，表现为外部年久失修，面貌残破，损害城镇形象；内部各类基础设施跟不上，人口密度过高，居民对保护存在抵触情绪；二是居民缺乏资金渠道，表现为改造量大，政府财力难以负担；开发经济效益不佳，因此对民居保护的积极性不高。

对城镇中传统民居的保护，应通过调查研究，区别对待；有保留价值的，反映地方特色居住文化的，可采取重点保护措施，如周庄、黔县、徽州等列为重点保护地区；成片成套地完整保护下来；有选择地重点保存下来，如一些名人故居和有纪念意义的民房旧宅；必要时还可采取移地保护的办法。作为文物古迹协调区质量较差的民居，只要符合协调的原则、材料、建筑形式、体量，可采取拆除重建的方式，没有保留价值且破损不堪的，可任其自生自灭或拆掉改建。

如平遥古城现有四合院 3797 处，其中历史、文化价值较高的民居有 400 余处。这些保存完好、地方特色浓厚的四合院民居构成了古城的整体风貌。鉴于国家财力和现状，规划在现状调查基础上提出 400 余处典型民居作为重点保护对象。保护措施：在现状调查基础上尽快建立档案和挂牌，对其建筑布局、造型、特色、使用状况、居住人口、建筑年代及历史背景等进行注册；严格保护其建筑造型、色彩、材料乃至每一构件，不得随意拆除和改动；制定典型民宅保护、维修、使用条例及法规，并发至各有关用户认真执行；减少现有居住人口，提高居住面积和设施标准。一类民宅每户人均建筑面积应大于 35 m^2，二类民宅应大于 25 m^2。由此改善环境，为保护建筑创造条件(图 6.10)。

6.3.5　民俗文化的保护

《马丘比丘宪章》指出：保护城市历史遗址和古迹的同时，还要继承一般的文化传统。各地的乡土民俗、生活方式，传统的工艺特产和地方风味、饮食文化，有地方特色的诗歌、戏剧、舞蹈、音乐、绘画、雕刻、剪纸等，远远超出具体时空范围的东西，这些是

图 6.10 平遥四合院

构成城镇、地区传统风格和地方特色的重要内容，是地方文化在建筑以外的体现，是地区传统文化的重要内容。

1. 挖掘历史文脉

在保护有形的文物古迹之外，更重要的是保护和发展文化内涵。文化是一个民族、一个地方所特有的，研究当地文化，挖掘历史文脉进行保护和延续，有助于城镇的特色建设，使古老艺术焕发新的光彩，使新的建设融合丰富的传统文化和历史深度，从而使城镇更具魅力。如很多城镇每年都有庙会，但各地的庙会的时间、形式、内容都有很大不同，庙会上往往有各种各样的文化活动，可以从庙会文化中汲取营养；周庄保护了历史街区，挖掘历史文脉，至今仍保留了讲茶、划灯等文化传统，每年吸引上百万的游客(图 6.11、图 6.12)。

图 6.11 周庄讲茶

图 6.12 周庄划灯

丽江古城的价值固然在于充满诗情的老市街和民居建筑，但更为可贵的是它拥有具有历史渊源的文化生活，包括生活模式，如语言、衣着、日常活动、仪典节庆，人际交往方式以及生活艺术的持续。地区用品的工艺美术、音乐、编织等是活的文化，包含了一个民族、一个地区真正的生活方式。在丽江名城保护规划中就确定了保护民族语言；扶持纳西族古乐等民间艺术团体，并开展普及性、艺术性的艺术活动；保持优良传统的民族民间节庆、婚嫁、交际、礼节、风尚、运动；建立民族文化博物馆、东巴学校以及研究东巴文化的机构；发扬民族饮食文化、历史遗产文化、雪山绿水文化、东巴文化，沿袭具有代表性的传统民族节日和民俗民风活动。开展反映历史文脉的民间活动必须有相应的场地。由于特定的组织与约定俗成，相应的社会活动空间就会形成，应让这些记载人们社会历史活动的场地在现实生活中发挥作用，并在规划中给予体现。如广西西南耿罗傣族彝族自治县西部的孟定镇中心的规划方案中再现了赶摆（赶集）和浴洗的傣家民俗风情，除布置了赶集场所外，还利用南瓦河和水井设置洗浴场点。

2. 保存历史虚存

一些历史悠久的城镇，在历经经济停滞、生产力低下、社会不稳定、战乱频繁的环境中存在，现在衰落了，建筑遗存已不多，但孕育它们的环境风貌犹存，大量的历史文化、传统习俗仍在民间流传，形成了“口碑多、实存少”的历史文化虚存现象。虚存形态是文物建筑的非实体信息保存形态，在再现历史风貌、保护文化遗产和发展旅游事业方面与实存形态同等重要，为文物建筑的保护和信息的传递提供全面的保障。这些城镇在建设时，应该通过规划将一部分以虚存形式保存下来的历史文化作有形化再现出来，达到与历史产生紧密联系的效果。

强调对某地场所的历史说明，或简或繁，在有历史意义的地段立一座碑、一座亭或一处小品，加以陈述。如江苏省吴江县同里镇，在各代名人故宅前一一挂牌介绍其历史，人们在镇上行走时会产生游历于历史长廊之感，以此激发居民对所居地段的热爱，形成历史传统延续的软环境，对城镇历史文化保护至关重要（图 6.13、图 6.14）。

图 6.13　同里镇陈去病故居

图 6.14　陈去病文学贡献及政文学说展览

3. 开发特色产品

对能够点化名城历史或特性的古代重点艺术珍品，进行商品性复制开发、规模化生产，逐渐形成具有较高经济效益和社会效益的文化产业。如保定的定窑陶瓷、曲阳石雕、易水古砚均具有悠久的历史，可以结合旅游资源予以开发。再如湖南省凤凰县沱江镇挖掘湘西特种手工艺品——蜡染、扎染等，开设特种手工艺作坊，促进地方经济的全面发展，增强城镇自身活力，形成融生产、生活于一体的宜居城镇。

6.4 宜居园林式城镇文化保护设计

《城市规划法》规定，编制城市规划应当保护历史文化遗产、城市传统风貌、地方特色和自然景观。园林式城镇文化保护规划设计应包括文物古迹、地方特色、传统风貌和自然景观的保护和利用。在规划设计中要贯穿文化保护的思想，各项建设和发展计划以文化保护为中心，以环境改善为目标，全面、协调、有序地推进。

6.4.1 保护设计的内涵

园林式城镇总体规划要从城镇发展的整体和宏观层次上为保护奠定坚实的基础，包括下列工作内容。

(1) 普查文化遗产。

通过城镇总体规划，首先应对城镇的文物建筑进行普查，在此基础上，按照文物建筑的年代、结构完整程度以及已定的文物保护级别等情况进行分类，分析其保留的价值和地位，确定其保留或搬迁的意向。同时对文物建筑在城镇中的分布情况进行研究，结合城市规划的需要，对不同情况提出相应的保护形式。

(2) 合理确定城镇性质。

城镇的性质规定了城镇的发展方向与战略目标，保护并加强城镇的职能特色，使其成为城镇性质的主要内容。如曲阜的城镇性质为以文化教育及旅游业为主的历史文化名城(图 6.15)。

图 6.15　曲阜

(3) 调整规划布局。

在规划布局上为保护文物古迹和历史环境创造先决条件，如保护古城、发展新区，使保护与发展各得其所。

通过道路规划定线给文物古迹以突出的展现：通过高度分区控制与重点建筑物之间的空间视廊，把孤立的文物古迹以及能提示历史文化的各类标志物（如古树名木、碑刻、标牌等）在空间上组织起来，形成历史性的网络系统，便于人们认识和理解历史渊源，为人们欣赏文物古迹创造路线。

（4）综合整治。

保全物质躯壳，增加新生活内容，对生活设施进行全方位的改造：交通（整治路面，满足消防、救护、居民私车等的使用）、上下水、能源、文教、卫生、安全、防灾系统等，使历史地区的生活功能得到保障。现代化城镇生活便利设施主要靠街道来组织，因而需要将街道分为几种网络。这不能仅靠交通限制解决问题，要从土地利用、设施布置等规划整体上入手，进行综合性整治。

（5）制定保护规划。

对于历史文化名城、名镇，在总体规划中提出保护规划这一子项十分必要。保护规划是城镇保护建设和管理的依据，是一项综合性的专项规划，历史文化名城、名镇的保护规划是以保护城镇地区文物古迹、风景名胜及其环境为重点的专项规划，是总体规划的重要组成部分，从广义上说，也包含保护城镇优秀传统和合理布局的内容。

保护规划的内容中应包括在总体规划层次的保护措施：保护地区人口规模控制，占据文物古迹风景名胜的单位搬迁，调整用地布局、改善古城功能的措施，古城规划格局、空间形态、视觉通廊保护等。同时保护规划可作为反馈信息，调整总体规划的某些重要内容，如空间结构调整，用地结构调整，产业结构调整，城镇发展方向、人口的控制与调整，交通调整。保护规划中的保护内容应根据城镇特点确定，同时保护区的规划，即绝对保护区、一级保护区（重点保护区）、二级保护区（一般保护区）、三级保护区（环境协调区）的划分，也应根据城镇现状分析确定，并针对保护区等级，提出具体的保护要求及保护措施。如河南省商丘县名城保护规划中保护等级分区为重点保护地段、一般保护地段和环境协调保护区。

6.4.2　保护设计的方法

园林式城镇保护规划提出了组成城镇最基本的控制指标，如对城镇的人口容量、容积率及建筑高度等指标要进行科学合理的控制，而传统的街区、古建筑的修复、城镇风貌保存、传统文化如何处理，宜采用以下方法。

（1）现状调查。

现状调查的深入程度直接影响到控制性详细规划的质量。由于古城镇遗留了大量的文物古迹、传统建筑和历史景观，维持着千丝万缕的社群关系，充满着浓厚的生活气息，而且空间物质环境呈现出严重的自然老化现象，因此调查的内容应包括：①物质环境现状的调查，如土地使用现状调查、环境质量评定、现有设施配套调查、道路交通调查、建筑质量评定等；②历史价值调查、建筑美学价值调查；③社会生活价值调查(如年龄构成、职业构成、社会组织、社交网、活动网、购物网及认识网等)。调查方式可采取问卷调查、采访调查相结合,并以此作为确定保护方式与城镇设计的依据。

(2) 相关要求。

《文物保护法》提出对零星分散的文物建筑,要结合周围的地物地貌,在地形图上分别划出具体的保护范围和建设控制地带。在文物保护单位的周围划出一定范围的建设控制地段。在这个地带内允许有新的建设,但这些建设活动不能破坏文物保护单位的环境。城市规划要提出相应的具体要求,如控制建筑高度、体量、色彩和建筑形式等。

对文物建筑集中连片地段,为了充分体现其传统的地方特色,要尽量保持文物建筑环境的协调性,对于重要历史地段的保护无法按《文物保护法》对其提出要求,应通过控制性或修建性详细规划控制,采取适当措施,保证历史风貌的延续。

对于历史街区,规划的编制主要根据历史街区的保护目标,结合有机更新的原则来确定,保护的措施和方法应尽可能考虑街区保护的实施效果。控制性详细规划是古城保护和有机更新的具体落实与体现。

(3) 建筑的保护。

综合考虑现状建筑风貌和建筑质量的评价,把建筑的保护和更新方式相应地分为6类。

①文物类建筑:划定为国家、市、区级重点文物保护单位的建筑保护区内的传统建筑。

②保护类建筑:尚未列入文物保护单位名单,但却具有一定历史文化价值的传统建筑和近代建筑。

③改善类建筑:传统建筑空间布局形态和传统建筑形式的历史建筑,建筑质量一般,外部采取保护措施,内部更新。

④保留类建筑:与保护区传统风貌比较协调、建筑质量“完好”的现代建筑。

⑤更新类建筑:建筑质量的评估“差”的危房和少数单位近十几年新建的与传统风貌不协调的现代建筑。

⑥沿街整饰类建筑:沿保护区主要街道分布的沿街立面不协调,但主体建筑为传统建筑风格、建筑质量“好”或“一般”的建筑。

(4) 保护区的划定。

为了使保护范围切实有效发挥作用,常根据不同保护对象的需要划分保护区。划定保护区主要从两个角度出发:一是文物周围一定距离内不能设置可危及文物或与文物不协调的活动;二是从视觉环境出发,对文物周围的建筑在高度和形体、色彩、形式等方面进行限制。目前,保护区划定一般依据在古建筑近处及有选择的远处视点获得良好的视觉效果为原则。

如绍兴西小路的保护规划中,结合视线分析和交通组织安排,将街区分为两个层次:风貌整治恢复区和风貌协调区。且根据建筑高度控制分析,将街区分为四类控制区:重点文物保护单位、重点控制区、传统建筑景观区和景观协调区。

历史地段可分为两个保护层次:核心保护区和风貌协调区。

核心保护区是街区历史文化价值的核心体现区域,应尽可能地、最大限度包含街区内保存着历史信息的遗存,以及载有真实历史信息的传统建筑物、构筑物。确保街区视觉景观的连续性,以形成较完整的历史风貌。核心区的划定应体现小而精的原则,一般由主要街道的视线所及范围的建筑物,重点的文物古迹和传统建筑,以及连接这些建筑的视线所及范围的建筑物、构筑物共同组成的区域。风貌协调区即核心保护区的背景地区,包括自然环境背景和历史背景。划分时要考虑地貌、植被等自然环境的完整性和从主要景观视点向四周眺望时,景观的完整性,并结合道路、河流等明显的地理标志,兼顾行政管辖界线。

通常控制性详细规划只能从宏观上对地块功能和空间效果提出概括性预见和控制手段,是自上而下的规划过程。采用简单的指标量化、条文规定和图则标定这三种一般性规划控制方式,难以保证获得高质量的城镇空间环境和保护城镇特色,很可能会磨灭城镇设计的精华,出现平庸的建筑和街坊。因此保护城镇原有城镇形态和文化至关重要的就是,控制性详细规划应建立在严格的城市设计的基础上。

第 7 章　宜居园林式城镇住宅规划

7.1　宜居园林式城镇住宅类型

宜居园林式城镇住宅的分类有以下 7 种。

7.1.1　按建筑层数分类

根据《民用建筑设计统一标准》(GB 50352—2019)，建筑高度不大于 27 m 的住宅建筑为低层民用建筑，建筑高度大于 27 m 且不大于 100 m 的住宅建筑为高层民用建筑，建筑高度大于 100 m 为超高层建筑。

宜居园林式城镇住宅以低层住宅和多层住宅为主，而高层住宅相对较少(图 7.1～图 7.3)。

图 7.1　低层住宅

图 7.2　多层住宅

7.1.2　按结构类型分类

宜居园林式城镇住宅按结构类型可划分为四类：木结构与木质结构、砖木结构、砖混结构和框架结构。

(1) 木结构与木质结构。

木结构与木质结构以木材和木质材料为主要的承重结构和围护结构。该结构受天然材料本身的限制较多，多用于宜居园林式城镇住宅的屋盖。木屋盖包括用木材制成的屋架、支撑系统、吊顶、挂瓦条及屋面板等。

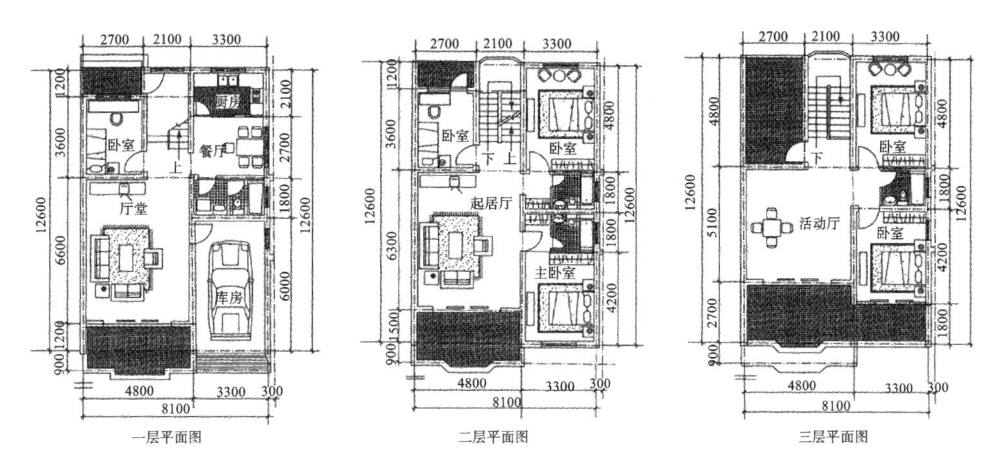

图7.3　三层住宅平面图

(2) 砖木结构。

砖木结构由采用砖或砌块砌筑的墙、柱等竖向承重结构和楼板、屋架等木结构组成，自重轻，空间分隔方便，施工工艺简单，材料也较单一。但是，该结构耐用年限短，设施不完备，特别是占地多，建筑面积又小。

(3) 砖混结构。

砖混结构是由采用砖或石或者砌块砌筑的墙、柱等竖向承重结构和采用钢筋混凝土结构的梁、楼板、屋面板等横向承重结构组成。采用砖混结构的建筑墙体布置方式见图7.4。

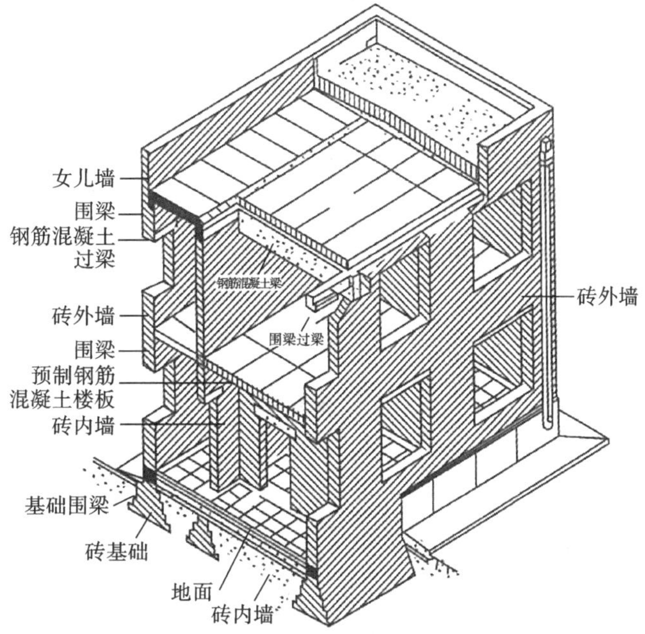

图7.4　砖混结构

①横墙承重。用平行于山墙的横墙来支撑楼层，横墙兼作分隔墙用。

②纵墙承重。用檐墙和平行于檐墙的纵墙支撑楼层，开间可灵活布置，但建筑物刚度较差，立面不能开设大面积门窗。

③横纵墙混合承重。部分用横墙、部分用纵墙来支撑楼层，常用于平面复杂、内部空间划分多样化的建筑。

④砖墙和内框架混合承重。内部用梁、柱承重，外围护墙兼做承重墙。该方式可使建筑物内部空间变大，平面布局灵活，但刚度不够。常用于空间较大的大厅。

⑤底层为钢筋混凝土框架，上部为砖墙承重结构。沿街底层为商店，或底层为公共活动的大空间，上面为住宅、办公用房或宿舍等的建筑多采用这种形式。

(4) 框架结构。

框架结构由梁和柱组成框架，共同承受荷载，如图 7.5 所示。该结构房屋的墙体仅起到围护和分隔作用，并不承重，一般用预制的加气混凝土、膨胀珍珠岩、空心砖、多孔砖等砌筑或装配而成。

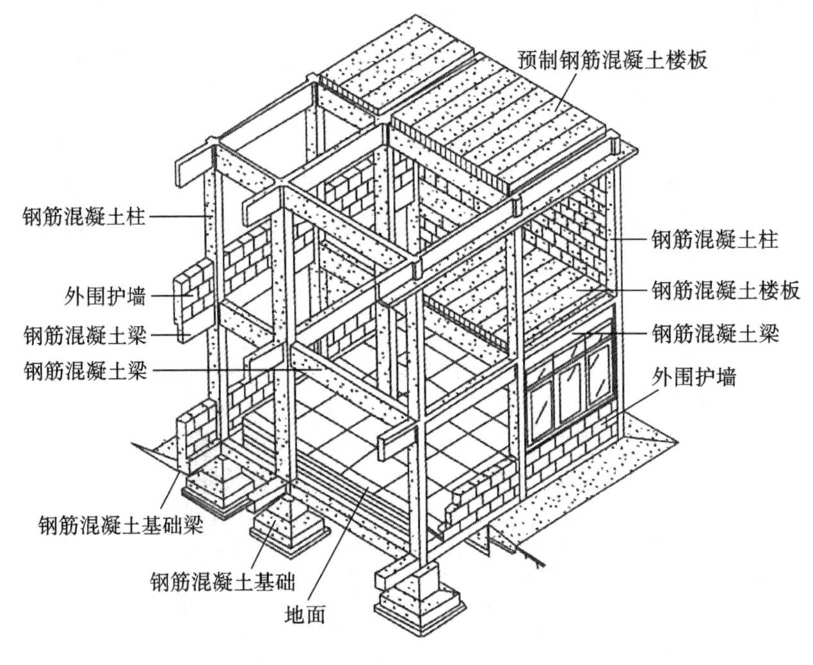

图 7.5 框架结构

7.1.3 按庭院形式分类

庭院，亦称为院落，在中国传统民居中富有独特魅力，源于“天人合一”的哲学思想，体现了人对于原生环境的依恋和渴求。

宜居园林式城镇住宅宜借鉴传统民居的建筑文化，借助现代技术手段实现人与自然和谐共处。可根据当地的自然地理条件、气候条件、生活习惯等的具体情况，选择合适的庭院形式。庭院通常分为前院式庭院、后院式庭院、前后院式庭院、侧院式庭院和内院式庭院五种。

(1) 前院式庭院。

这种庭院布置在住房的南向。优点是避风向阳,院落集中,利用率高,易形成生活氛围;缺点是生活院与杂物院混合,环境卫生相对较差(图7.6)。此种院落的入口较为高大宽敞,常高出或平齐于前院房顶。这类型的院落可兼做车库,也可在入口侧设置用作厨房或储物的厢房。前院式布局能够形成相对较为封闭的院落空间,室外空间集中紧凑,北方采用较多。

(2) 后院式庭院。

后院式庭院布置在住房的北向。优点是住房朝向好,院落比较隐蔽阴凉,适宜炎热地区进行家庭副业生产;缺点是住房易受室外干扰。南方地区采用这种形式较多(图7.7)。

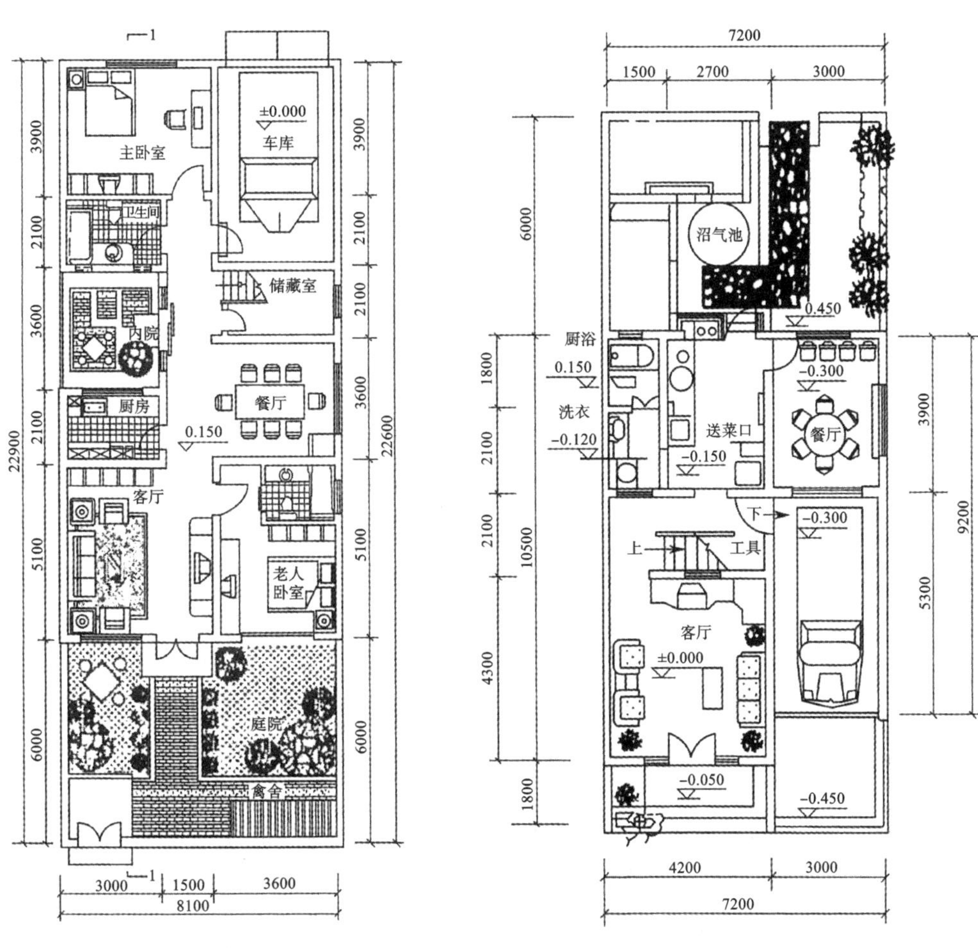

图7.6 前庭院住宅

图7.7 后庭院住宅

(3) 前后院式庭院。

前后院式庭院被住房分为两部分，形成多为生活所用的南向庭院和多用作杂物院的北向庭院。此类型庭院优点是功能分区明确，使用方便，清洁、卫生、安静，通常适合宽度较窄、进深较长的住宅基地(图 7.8)。

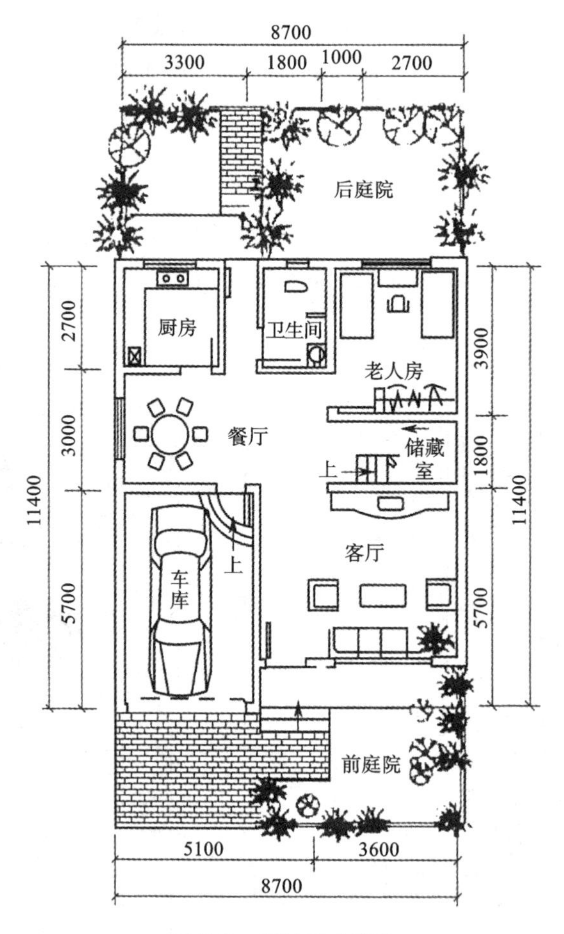

图 7.8 前后院式庭院

(4) 侧院式庭院。

侧院式庭院被分隔成设在住房前面的生活院和设在住房一侧的杂物院两部分，构成既分隔又连通的空间，具有功能分区明确、净脏分明的优点，见图 7.9。

(5) 内院式庭院。

内院式庭院布置在住宅的中间，可为住宅的多个功能空间引进光线，调节小气候，也可为老人提供便利的室外活动场地，还可以使住户在冬季避风，享受阳光，为家庭提供室外开放的聚会空间。以天井内庭为中心布置各功能空间，不仅可以保证各空间拥有良好的采光和通风，还可使庭院成为住宅的绿岛。通过适当布置“水绿结合”，共同调节室内小气候，从而使庭院成为住宅内会呼吸的“肺”。内庭式庭院的布

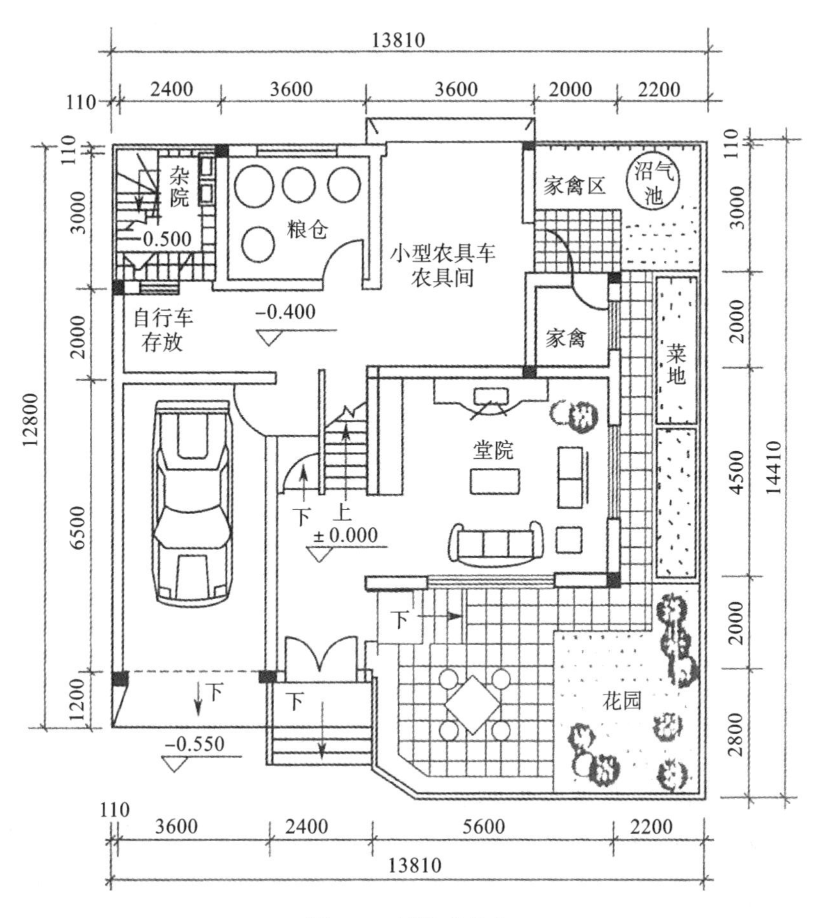

图 7.9　侧院式住宅

置形式和尺寸大小也可根据不同条件和使用要求而变化万千(图 7.10)。

7.1.4　按平面布置分类

宜居园林式城镇住宅按平面布置分类，主要有独立式、并联式、联排式和院落式。

(1) 独立式。

独门独院，建筑四面临空，具有居住条件安静舒适、宽敞的优点，但是需要的宅基地较大，且不便于配置基础设施(图 7.11)。

(2) 并联式。

由两户并联成一栋房屋。该布置形式适用南北向胡同，每户均为侧入口，中间山墙可两户并用，方便配置基础设施，有利于节约建设用地(图 7.12)。

(3) 联排式。

通常由 3～5 户组成一排，不宜太多。当建筑耐火等级为一、二级，长度超过 100 m，或者耐火等级为三级，长度超过 80 m 时，应设防火墙，山墙可合用。室外工程管线集中且节省。这种形式的组合也可前后院，每排有一个东西向胡同，入口可为

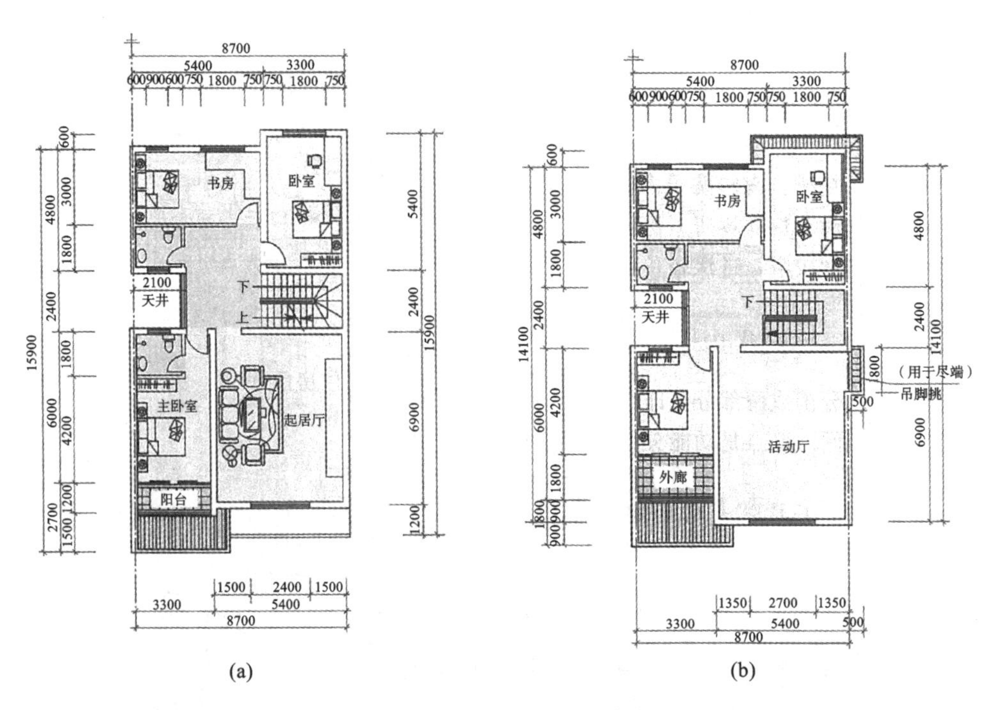

图 7.10 内院式住宅平面布置

图 7.11 独立式住宅

南北两个方向。这种布置方式占地较少，是当前城镇住宅普遍采用的一种形式(图 7.13)。

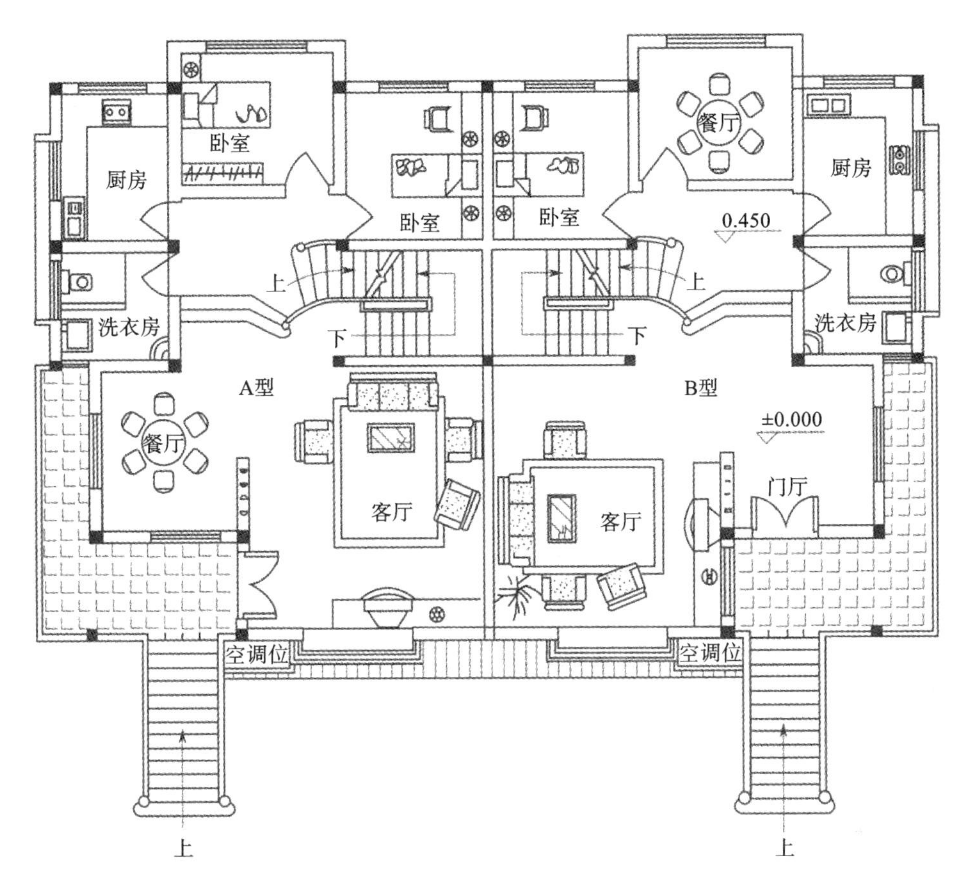

图7.12 并联式住宅

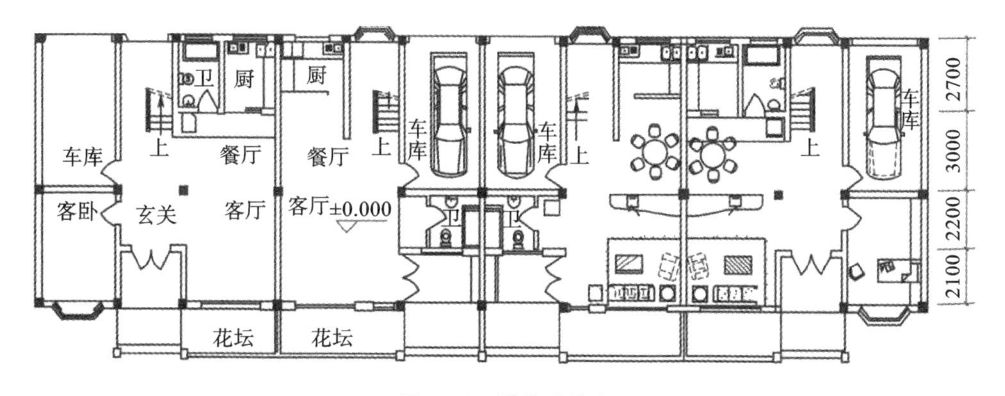

图7.13 联排式住宅

(4) 院落式。

院落式是在合院式的基础上发展而成的一种低层住宅平面组合形式。它是由联排式和联排式或者联排式和并排式组合而成。人车分离庭院的院落,可为若干住户提供一个不受机动车干扰的邻里交往空间,而且便于管理(图7.14)。

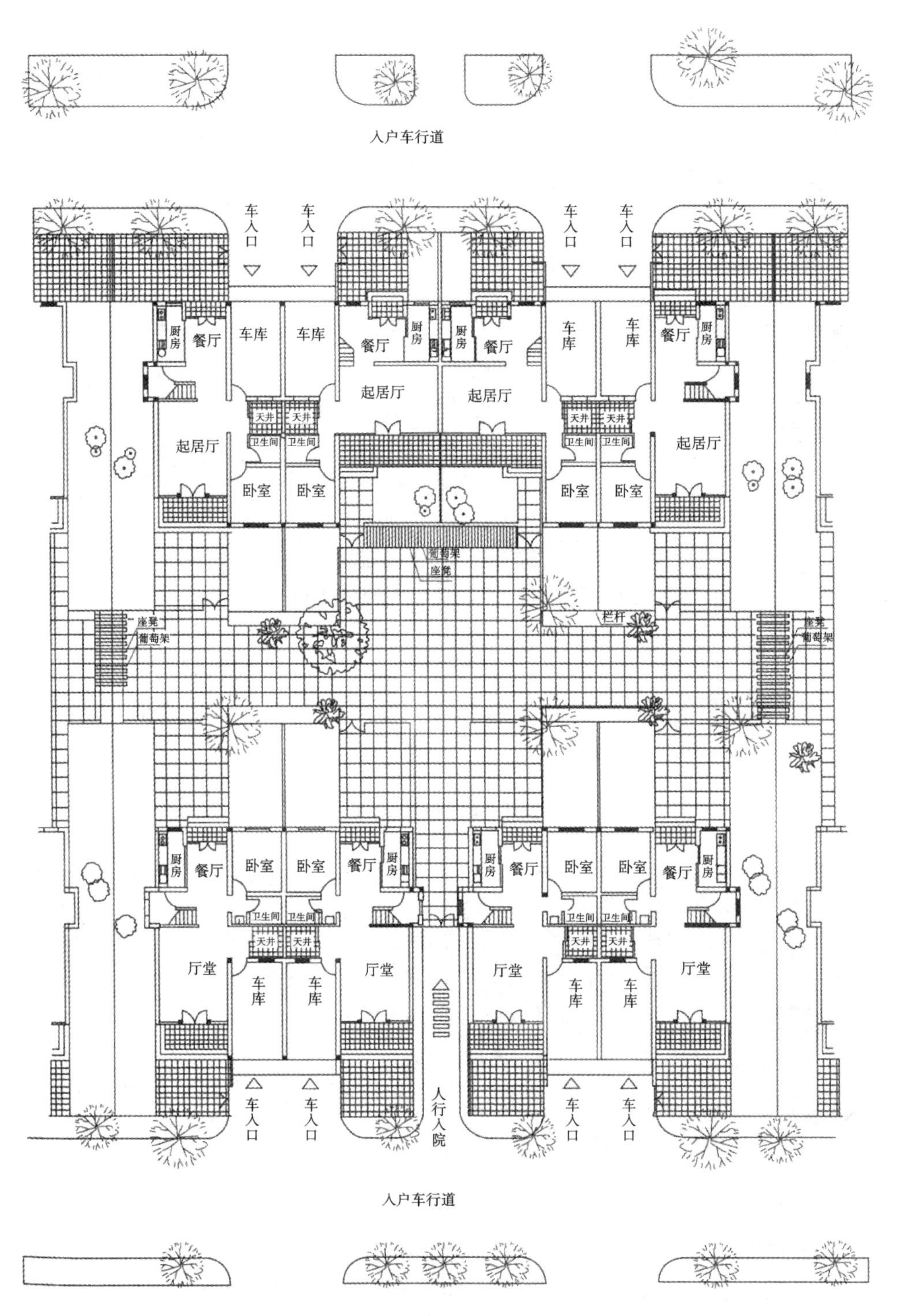

图 7.14 南入口的联排式和并联式组合院落

7.1.5　按空间类型分类

为了适应城镇住宅居住生活和生产活动的需要，在设计中按每户空间布局占有的空间进行分类。

(1) 垂直分户。

垂直分户的住宅一般都是两层或三层的低层住宅，每户不但拥有上下两层(或三层)的全部空间，而且是独门独院(图 7.15)。垂直分户的低层住宅节约用地，有利于满足城镇周边农村居民储存农机具和晾晒谷物等需求。然而对于已脱离农业生产的住户，由于受到传统的民情风俗和生活习惯的影响，仍然偏爱这种贴近自然按垂直分户且带有庭院的两层或三层低层住宅。

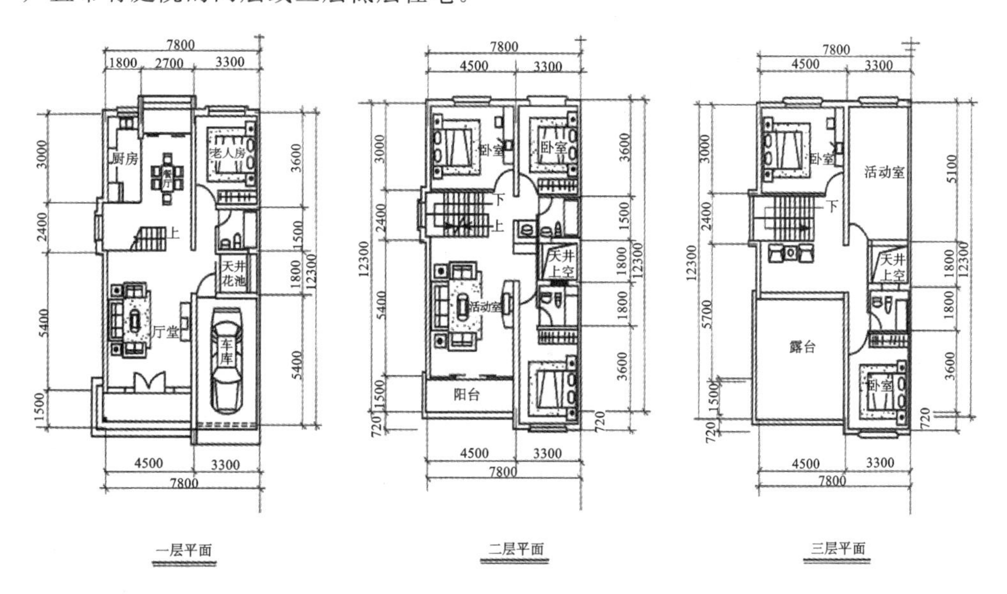

图 7.15　垂直分户的低层住宅

(2) 水平分户。

水平分户的住宅一般有两种形式。

①水平分户的平房住宅。

水平分户的平房住宅是每户占据一层的“有天有地”的空间，而且是有庭院独门独户的住宅，便于生活，也便于进行生产活动，接地性良好。但由于占地面积较大，应尽量减少采用(图 7.16)。

②水平分户的多层住宅。

水平分户的多层住宅一般都是六层以下的公寓式住宅，由公共楼梯进入。城镇多层住宅常用的是一梯两户，每户占有同一层中的部分水平空间。该类型住宅除一层外，二层以上接地性均较差。建议设计时应合理确定阳台的进深和宽度，并处理好阳台与起居厅的关系。

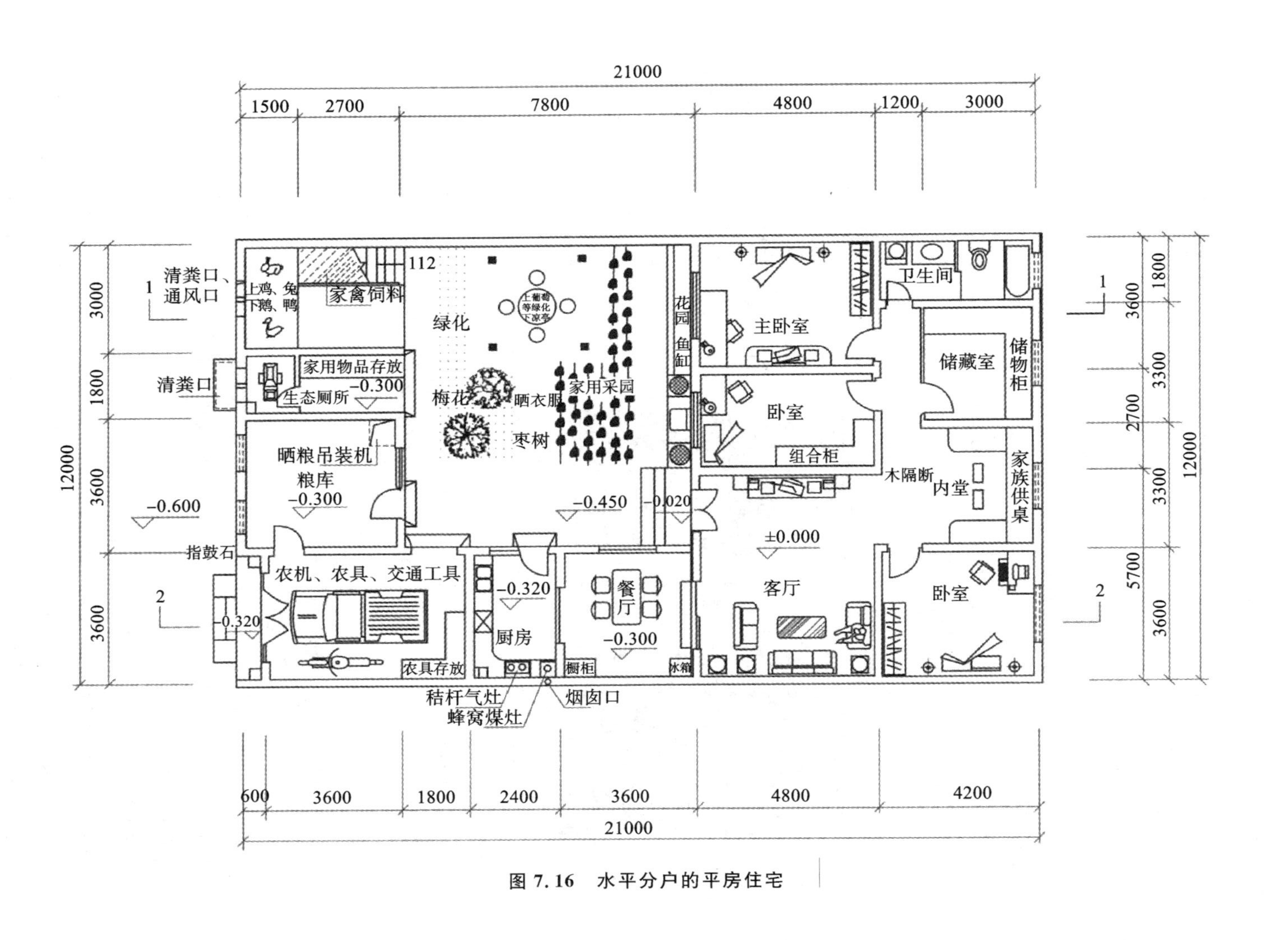

图 7.16 水平分户的平房住宅

(3) 跃层分户。

跃层分户在城镇住宅中颇受欢迎,具有节约用地的特点(图 7.17)。通常是一户占有一、二层空间,另一户占有三、四层空间,第三户占有五、六层空间。为了解决二层以上住户接地性较差的缺点,往往一方面二层以上住户的入户楼梯直接从地面开始;另一方面努力扩大阳台的面积,使其形成露台,以保证二层以上的住户具有较多的户外活动空间。

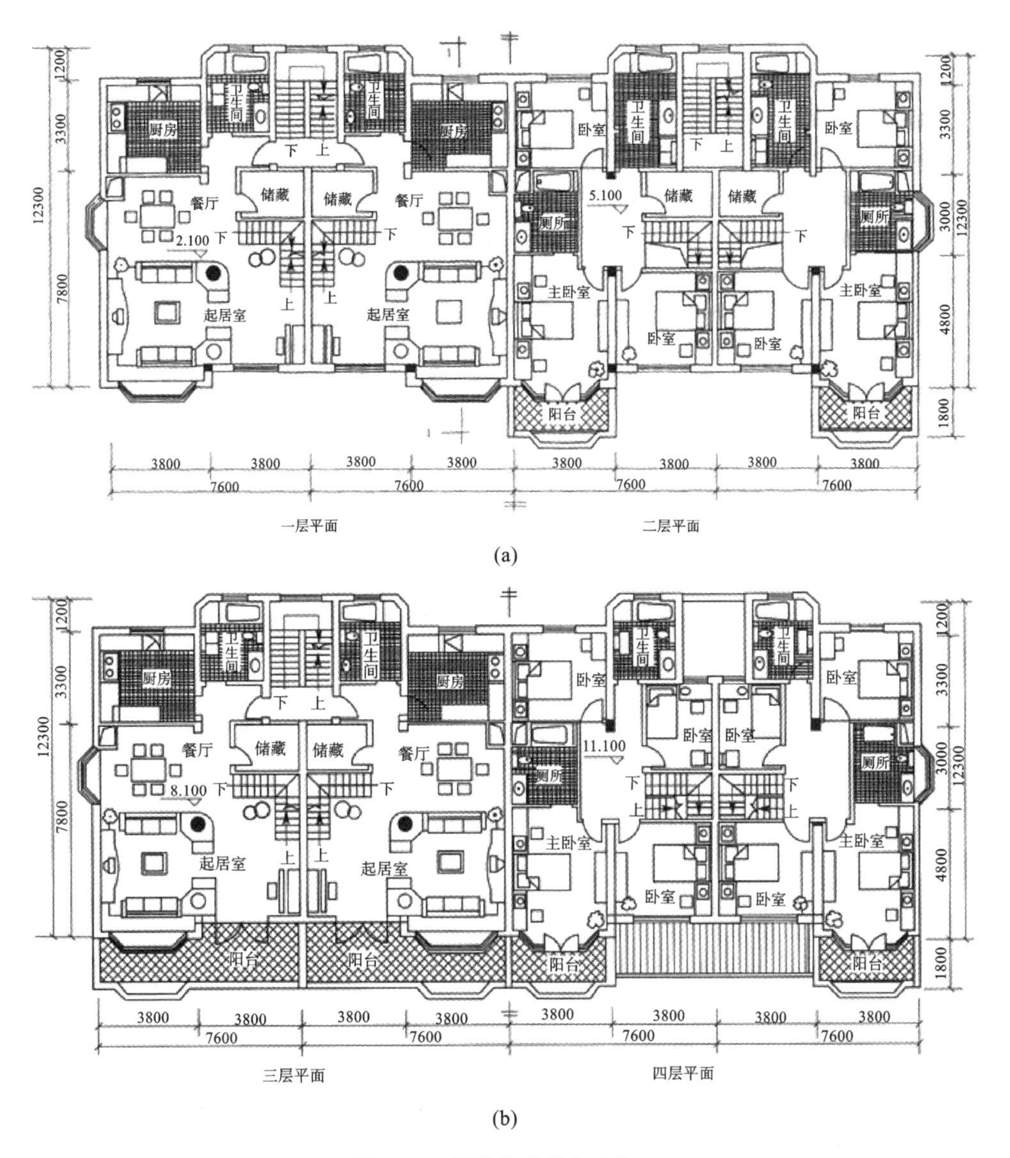

图 7.17　跃层分户的多层住宅

7.1.6 按建筑形态分类

宜居园林式城镇住宅按建筑形态可分为农房型住宅和城镇型住宅。

(1) 农房型住宅。

农房型住宅类型有独立式、并联式和院落式。

①独立式。此类型适用于家庭成员相对较多、建筑面积在 150 m^2 以上的住宅。经济条件较好地区可以采用这种形式。

②并联式。此类型适用于每户的建筑面积比较小,几户连在一起进行修建的情况。这样既便于成片进行开发,节约土地,也节省室外工程的设备管线,从而降低造价。

③院落式。此类型适用于每户住宅的面积比较大、房间较多,而且有充足的室外用地。这样的居住环境比较接近自然。用地宽裕的地区可采用这种形式。

(2) 城镇型住宅。

城镇型住宅也就是单元式住宅,具有建筑紧凑、节约土地,便于进行成片开发的特点。

7.1.7 按使用功能分类

城镇型住宅按使用功能分为以下 6 类。

(1) 一般农业户住宅。

此类型住宅通常适用于以小型种植业为主,兼顾家庭养殖、饲养或纺织等副业生产的住户。该类型住宅在设计时,除了要满足基本的生活功能之外,还应满足家庭副业生产、农具存放及粮食晾晒和储藏等功能。

(2) 专业生产户住宅。

此类型住宅适用于专业化规模化的经营种植、养殖或饲养等生产业务的住户。在设计时,除了要有单独的生产用房、场地外,住宅还应设置业务工作室、接待会客室、车库等。

(3) 个体工商服务户住宅。

此类型住宅适用于从事小型加工生产、经营销售、饮食、运输等工商服务业活动的住户。为此,住宅仍需增加小型作坊、铺面、库房等设置。

(4) 纯居住型生活住宅。

此类型住宅适用于城镇及周边已基本脱离农业生产活动的居民,仅需要满足居住生活的需求即可。该类型住宅既要与大自然保持密切联系,还应呈现出当地的民情风俗和历史文化特征。

(5) 多代同堂住宅。

由多个小套组成,可分可合,视情况可分别采取水平组合、垂直组合或水平、垂直混合组合的布置方式。

(6) 少数民族住宅。

我国是个多民族国家。对于少数民族的住宅,除了满足其居民日常生产生活的需要之外,还应特别注意尊重少数民族的民族风情和历史文化。

7.2 宜居园林式城镇住宅分项设计

7.2.1 功能布局设计

宜居园林式城镇住宅的各功能空间要有适度的建筑面积和舒适合理的尺度。其建筑面积应与家庭人口的构成、生活方式的变化以及居住水平的提高相适应。其规模、格局和尺度上应根据各功能空间人的活动行为轨迹以及立面造型的要求来确定。

住宅的功能空间通常由基本功能空间和附加功能空间构成。住宅的基本功能空间包括厅堂、起居厅、餐厅、厨房、卫生间、卧室(含老人卧室和子女卧室)及储藏间等。附加功能空间根据住户所从事生产经营特点、经济水平及个人爱好等因素,可分为生活性附加功能空间和生产性辅助功能空间。生活性附加功能空间包括门厅(或门廊)、书房、儿童房、家务房、宽敞的阳台、晾晒台、外庭院、内庭天井、庭院、客房活动厅(健身房)、阳光室(封闭阳台或屋顶平台)等。生产性辅助功能空间包括粮仓、小型作坊、库房、业务工作室、车库、小农具贮藏、微型鸡舍、猪棚等。另外,住宅还应精心安排各功能空间的位置关系和交通动线,才能够使得住宅更加宜居。

1. 居住空间的设计

居住空间是城镇住宅户内最主要的功能空间,通常包括厅堂、起居厅、卧室、书房和餐厅等。在住宅设计时,不仅应根据户型面积和使用功能要求划分不同的居住空间,而且应根据人体尺度及人体活动所占空间尺寸等来确定具体的空间尺度,还应合理组织交通路线,确定朝向,满足通风采光等要求。

(1) 居住空间的平面设计。

①卧室平面尺寸和家具布置。卧室是供住户睡眠、休息的空间,应有直接的采光和自然通风,但卧室之间不应有穿越。卧室可分为主卧、次卧、客房等。主卧通常为夫妇共同居住,其基本家具除双人床、婴儿床(通常为年轻夫妇所考虑)之外,还应考虑配置婴儿床衣柜、床头柜、梳妆台等。当卧室兼有其他功能时,还应满足其对应的空间需求。主卧最好能满足多种床位的布置,所以其短边尺寸最好不宜小于 3.0 m(图 7.18)。次卧包括双人卧室、单人卧室、客房等。由于次卧居于次要地位,面积和家具布置上要求也相对较低,其短边尺寸不宜小于 2.1 m,内部配置的床可以是双人床、单人床或高低床等。

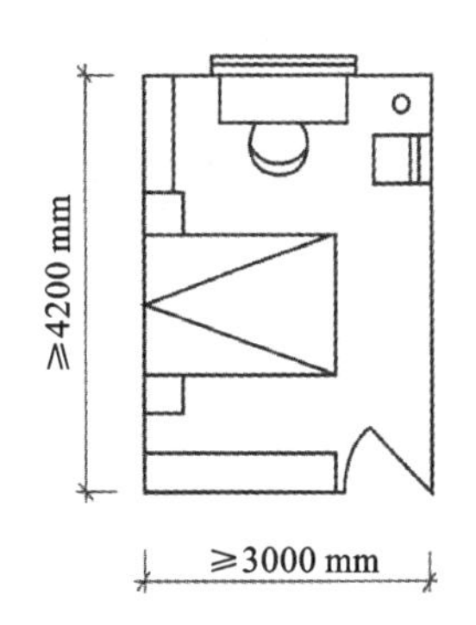

图 7.18 卧室平面布置

②起居厅平面尺寸和家具布置。起居厅是家庭成员集中进行活动的场所，如家庭聚会、会客、视听娱乐等，有时还兼有进餐等功能。起居厅的家具主要有沙发、茶几、电视柜等，考虑到起居室有家庭活动及视听的需要，设计时应留出较多的活动空间，短边尺寸宜为 3.0～4.0 m(图 7.19)。

③书房。如果套型的面积宽裕，可设置单独的书房或工作室，形成独立的学习或工作空间。书房的最小尺寸可参考次卧，其短边尺寸也不宜小于 2.1 m，主要家具有书桌、椅、书柜、电脑桌等(图 7.20)。

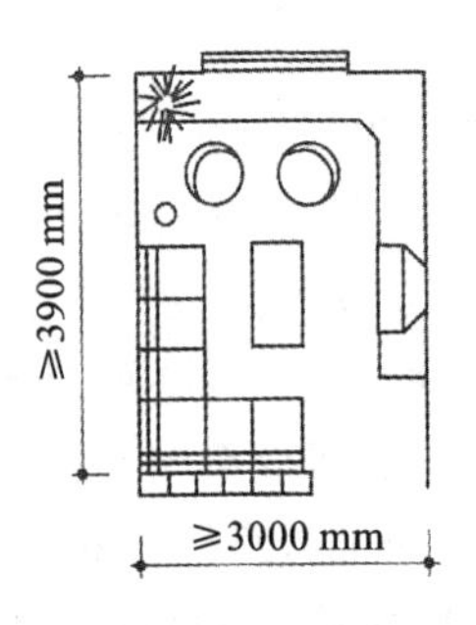

图 7.19 起居厅平面布置

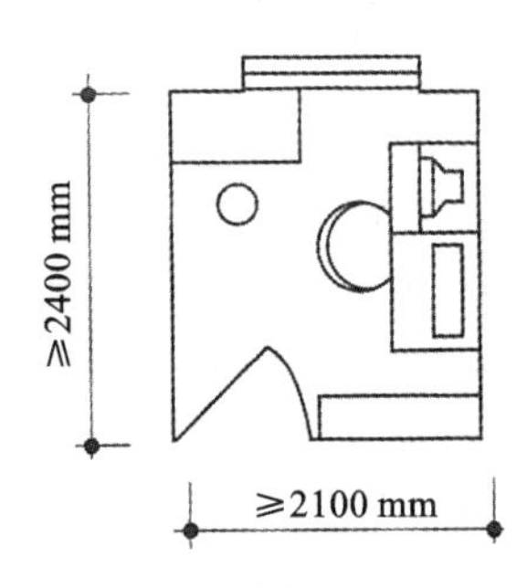

图 7.20 书房平面布置

(2) 居住空间的空间设计。

室内空间设计包括空间的高低错落变化，复合空间的利用，色彩、质感的利用以及照明、家具的陈设等。由于住宅的层高较小，可通过在墙面的划分、色彩的选择进行处理来减弱室内空间的压抑感。比如可设置半隔断以使空间延伸，也可适当加大窗洞口以扩大视野，从而获得较好的空间效果。

2. 厨卫空间的设计

厨卫空间的设计对住宅的功能和质量至关重要。再者厨卫空间内设备及管线较多，而且一经安装再进行改造也比较困难，所以在设计时必须考虑周全。

(1) 厨卫空间的平面设计。

①厨房的平面尺寸和家具布置。厨房的主要功能有烹调、烧水、清洁，其主要配置有洗菜池、案桌、炉灶、储物柜、排油烟设备、冰箱、烤箱、微波炉等。厨房面积一般不太大，但需配置的设备较多，因此设计时要考虑操作的工艺流程和人体工程学的要求，既减少交通路线长度，又方便使用，还要有良好的采光通风条件。

厨房的平面尺寸取决于设备的布置形式和住宅面积标准，布置形式通常有单排式、双排式、L 形、U 形等，其最小尺寸见图 7.21：单排布置时，厨房净宽不小于 1.5 m；双排布置时，厨房净宽不小于 1.8 m，且两排设备的净距要不小于 0.9 m。

②卫生间的平面尺寸和家具布置。卫生间是处理个人卫生的专用空间，基本设备有便器、淋浴器、浴盆、洗衣机等。为方便使用，设计时可将洗漱空间和便溺空间进行适当分隔。若条件允许，一户内宜设置两个及以上的卫生间，即主卧专用卫生间和一般成员使用的卫生间。卫生间的尺寸设计要求如图 7.22 所示。

(2) 厨卫空间的细部设计。

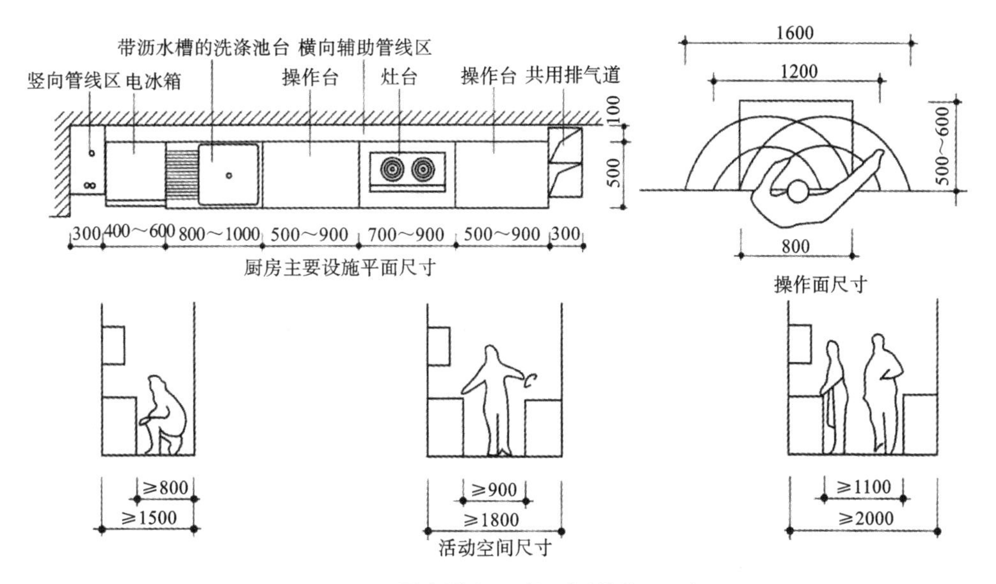

图 7.21　厨房最小尺寸要求(单位:mm)

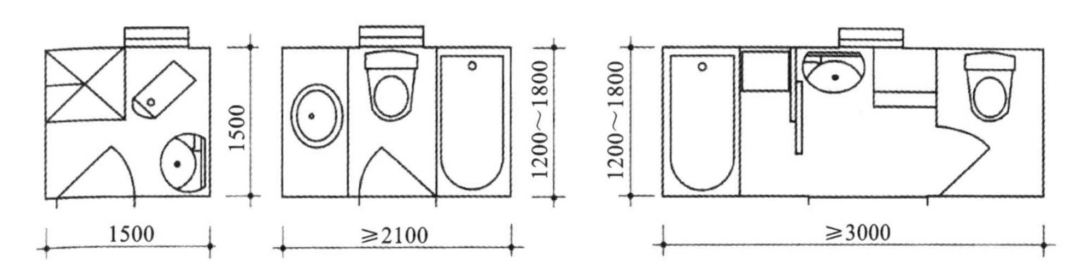

图 7.22　卫生间最小尺寸要求(单位:mm)

厨卫空间面积小、管线及设备较多,又是用水房间,一旦处理不好,会严重影响后期的使用。第一,墙地面都要做好防水处理。为减少其他房间积水的可能性,厨卫地面通常低于其他房间地面 20 mm。第二,合理布置管线,以防对设备使用和室内美观造成影响。第三,要满足细部的功能要求,比如合理设计手纸盒、毛巾架等的位置。

3. 交通及辅助空间设计

(1) 交通联系空间。

交通联系空间包括门斗、门厅、过厅、过道及户内楼梯等。在入户门处尽量考虑设置门斗或前室,既具有缓冲和过渡的功能,又可兼顾换鞋、更衣、临时放置物品等。门斗的净宽不宜小于 1.2 m。过厅和过道是户内不同房间联系的枢纽,通往卧室、起居室等主要房间的过道不小于 1.0 m,通往辅助房间时要求不小于 0.9 m。

当户内设置楼梯时,楼梯的净宽不小于 0.75 m(一侧临空)和 0.9 m(两侧临空),其踏步宽度不小于 220 mm,高度不大于 200 mm。

(2) 储藏空间。

储藏空间在住宅内不可或缺。在住宅设计中结合门斗、过道等的上部空间设置吊柜，利用房间边角部分设置壁柜，利用墙体厚度设置壁龛等。此外还可利用坡屋顶空间、楼梯下的空间作为储藏间。

(3) 室外空间。

室外空间包括庭院、阳台、露台等，是住宅不可或缺的室外活动空间。

庭院是指建筑物四周或被建筑物包围的场地。

阳台依据平面形式，可划分为悬挑阳台、凹阳台、半挑半凹阳台和封闭式阳台。悬挑阳台视野开阔、日照通风条件好，但私密性差，逐户间有视线干扰，出挑深度一般为1.0～1.8 m；凹阳台结构简单，深度不受限制，使用相对隐蔽；半挑半凹阳台间兼具有上述两个类型阳台的特点；封闭式阳台是将以上三种类型阳台的临空面用玻璃窗进行封闭，可起到日光间的作用，此类型通常在北方地区使用。

露台是顶层无遮挡的露天平台，可通过绿化种植形成屋顶花园，不仅可为住户提供良好的户外活动空间，也可对下层屋顶起到较好的保温隔热作用。

7.2.2 立面造型设计

立面造型设计是为了让人造的围合空间能与大自然及既存的历史文化环境密切配合，融为一体，创造出自然、和谐、宁静的城镇住区景观。城镇住区的整体景观往往需要运用住宅及其附属建筑物组成开放式、封闭式或轴线式的各种空间，以达到丰富城镇住区景观的目的。

城镇住宅的立面造型是与城镇生活有关的历史、文化、心理与社会等方面的具体表现。一定时期内，居住需求的外在表现是影响城镇住宅造型的主要因素，因此随着时间的流逝，建筑造型也会随之发生改变。

城镇住宅的立面造型应该简朴明快、富于变化。它的造型设计和风格取向不能孤立进行，应该既能与当地自然天际轮廓线及周围环境的景色相协调，还能与住宅组群乃至住区取得协调统一性，形成一个整体氛围，给人以深刻的印象，见图7.23。

立面造型设计分为屋顶的设计、门的设计和窗的设计。

(1) 屋顶的设计。

因为坡屋顶排水及隔热效果较好，且能与自然景观密切配合。坡屋顶的组合变化多端，有悬山、硬山、歇山；单坡、双坡、四坡；披檐、重檐；顺接、插接、围合及穿插等。几乎没有任何一种平面、任何一种体形组合的高低错落可以“难倒”坡屋顶，所以城镇住宅的屋顶造型也尽可能以坡屋顶为主。然而为了使城镇住宅拥有晾晒衣被、谷物和消夏纳凉及种植盆栽等的屋顶露天平台，可将部分屋顶做成可上人的平屋顶，女儿墙的设计应与坡屋面相呼应或以绿化、美化的方式进行处理，以减少平屋顶的突兀感。

(2) 门的设计。

传统民居对大门的位置尤为重视，中国传统建筑文化中称大门为“气口”，因此大门通常布置在厅堂(或称堂屋)的南墙正中央。城镇住宅的大门也应参照此设计，有

(a) (b) (c) (d) (e) (f)

图7.23 不同立面造型设计

利于组织自然通风。低层城镇住宅的厅堂上层一般都是起居厅，且阳台通常设置在南面，这样一来阳台正好可以作为一层厅堂(堂屋)的门厅雨篷。为便于陈设家具和开展家庭副业活动，不少城镇住宅也将大门偏于一侧进行布置，此时既可通过门边带窗的方法来确保上下层立面窗户的对位，也可通过不同立面层次上布设不同宽度的门窗来避免立面杂乱。

门是联系和分隔房间的重要构件，其宽度的设计应满足人的通行和家具搬运的需要。一般情况下，住宅的卧室、厅堂、起居厅内的家具尺寸较大，门的宽度也相应比较大；而卫生间、厨房、阳台内的家具尺寸较小，门的宽度也就相对较窄。一般是入户门最大，厨、卫门最小。门洞口的最小尺寸参见表7.1。

表 7.1 住宅各部位门洞口的最小尺寸

类别	门洞口宽度/m	门洞口高度/m
共用外门	1.20	2.00
户门	0.90	2.00
起居室门	0.90	2.00
卧室门	0.90	2.00
厨房门	0.90	2.00
卫生间、厕所门	0.70	1.80
阳台门	0.70	2.00

(3) 窗的设计。

立面开窗应力求整齐统一，上下左右均应对齐，而且窗户品种也不宜太多。当同一立面上的窗户有高低区别时，一般应将窗洞上檐取齐，既可使立面比较齐整，而且有利于过梁和圈梁的布置。当上下房间的窗洞口尺寸有差别时，可以通过"化整为零"或"化零为整"的方法处理，也可分别布置在立面不同层次上，以避免立面混乱。

窗的作用主要是通风、采光和远眺。窗的大小一般主要取决于房间的使用性质，通常情况下卧室、厅堂、起居厅对采光的要求较高，窗面积就应设计大些；而门厅等房间采光要求则相对较低，窗的面积也就可设计小些。

窗地比是指窗洞口面积与房间地面面积之比，作为衡量室内采光效果好坏的标准之一，一般设置为1/7～1/8。在满足采光要求的前提下，寒冷地区为减少房间热损失，窗洞口尺寸可适当减小；而炎热地区为取得较好的通风效果，窗洞口尺寸可适当增大。另外，作为外围护构件时，窗的设计还要考虑保温、隔热的要求。当外窗窗台距楼面的高度低于0.9 m且窗外没有阳台时，还应采取相应的防护措施。与楼梯间、公共走廊、屋面相邻的外窗，底层外窗、阳台窗等必须采取相应的防盗措施。

7.2.3 住宅剖面设计

住宅剖面设计与节约用地以及住宅的通风、采光、卫生等关系十分紧密。因此在剖面设计中，重点是解决层数、层高、局部高低变化和空间利用等问题。

(1) 住宅层数。

住宅层数与城镇规划、当地经济发展状况、施工技术条件和用地紧张程度等密切相关。在住宅设计和建造中，适当增加住宅的层数，可提高建筑容积率，减少建筑用地，丰富城镇形象。但是随着层数的增加，对住宅垂直交通设施、结构类型、建筑材料、抗震、防火疏散等方面要求也会更高，进而会带来一系列的社会、经济和环境等问题，比如：七层以上的住宅需要设置电梯，就会使建筑造价和日常运行维护费用增加，而且层数太多，还会给住户的心理造成一定的影响。根据我国城镇建设和经济的发展状况，城镇住宅应以多层住宅为主，城镇周边应以低层住宅为主。有条件的中心区也可提倡建设中高层住宅。

当建筑面积一定时，住宅的层数越多，单位面积上房屋基地所占面积就越少，即建筑密度就越小，用地就越经济。低层住宅一般比多层住宅造价低，但占地大。对于多层住宅，提高层数能降低造价。从用地角度看，住宅在三至五层时，每增加一层，每公顷用地上增加 1000 m^2 的建筑面积，但六层以上时，效果不明显。无论从建筑造价还是节约用地来看，条形平面六层住宅一般都是比较经济的，因而在我国的城镇中应用较为广泛。

(2) 住宅层高。

住宅的层高是指室内地面至楼面，或楼面至楼面，或楼面至檐口(有屋架时至下弦底，平顶屋顶至檐口处)的高度。

影响层高的因素有很多，大致归纳总结为以下几点。

①若房间面积不大，层高过高，会显得空旷，缺乏亲切感；层高太低，又使人产生压抑感。与此同时，低矮的房间容积较小，空气中二氧化碳浓度也相对增高，会对人体健康带来不利的影响。

②楼房的层高太高，楼梯的步数就会相对增多，占用面积也随之增大，也会给梯段的平面设计带来一定的难度。

③层高加大，材料消耗量也会相应增加，最终导致建筑造价提高。

因此，合理确定层高在住宅设计中具有十分重要的意义。适当降低层高，可以减少建筑材料消耗，进而降低工程造价。在严寒地区，还可以采用减少住宅外表面积的方法降低热损失。

一般城镇住宅建筑面积较大，城镇住宅的层高应控制在 2.8～3.0 m。北方地区相对比较寒冷，为了防寒保温，层高大多选用 2.8 m。而南方地区相对比较炎热，则层高常选用 3.0 m 左右。坡屋顶的顶层因有屋顶结构空间，层高可适当降至 2.6～2.8 m。附属用房(如浴厕、杂屋、畜舍和库房等)层高可控制在 2.0～ 2.8 m，低层住宅的层高可根据生活习惯适当进行提高，但一般不宜超过 3.3 m。

另外，住宅的层高还会影响到与后排住宅的间距问题，尤其当日照间距系数较大时，层高的影响会更加明显。由于住宅的间距大于房屋的总进深，降低层高比单纯增加层数更为有效。比如：住宅从五层增加到七层时，节约用地为 7% ～9%；然而层高由 3.2 m 降至 2.8 m 时，却可以节约用地 8%～10% (日照间距系数为 1.5)。因此应遵照住宅设计规范，执行关于层高的规定。

(3) 住宅的室内外高差。

为保持室内的干燥和防止室外地面水浸入，城镇住宅的室内外高差一般为 20～45 cm，即室内地面比室外地面高出 1～3 个踏步。也可根据实际地形情况酌情确定室内外高差。但应注意的是，如果室内外高差太大，将会增大填土方量，从而增加工程量，提高造价。如果底层地面采用木地板，除要考虑结构的高度外，还要为设置通风防潮空间留出一定的高度，为此室内外高差不应低于 45 cm。另外，为防止雨水倒灌，低洼地区的室内地面更不宜做得太低。

（4）住宅剖面形式。

住宅楼的剖面有横向和纵向两个方向。对住宅楼横剖面来说，为节约用地或受地段长度限制，通常将房屋剖面设计成台阶状（即在住宅的北侧退台）以减少房屋间距，这样便形成了南高北低的体型，退后的平台还可作为顶层住户的露台。对于城镇低层住宅，在保证前后两排住宅的间距要求时，北面退台收效不大，应采用南面退台的做法，这样可以为住户创造南向的露台，对住户晾晒谷物、衣被及消夏纳凉也更加有利。城镇低层住宅楼层的退台可使立面造型和屋顶形式更富变化，有助于与优美的自然环境融为一体。针对坡地上的住宅，可利用其地形设计成南北高度不同的剖面。对住宅楼纵剖面来说，可以结合地形设计成左右不等高的立面形式，也可以设计成错层或层数不等的形式。另外还可根据建筑面积、层数等设计成跃层或复合式住宅。

（5）住宅的空间利用。

在我国当前经济情况下，对城镇住宅来说，空间利用显得更加重要，因此应尽量创造条件设计出较大的储藏空间，既有助于解决日常生活用品、季节性物品和各种农产品的存放问题，更有助于改善住宅的卫生状况，创造更加良好的居家环境。

城镇住宅常见的储藏空间除专用房间外主要有壁柜、吊柜、墙龛、阁楼等。壁柜（橱）是利用墙体做成的落地柜，容积相对较大，可用来储藏较大的物品，通常是利用平面上的死角、凹面或一侧墙面来具体设置。壁柜净深不应小于 0.5 m。当靠外墙、卫生间或厨房设置时，还应考虑防潮、防结露等问题。

①坡屋顶的空间利用。

坡屋顶住宅可将坡屋顶下的空间处理成阁楼的形式，作为居住或储藏之用，如图 7.24 所示。若当作卧室使用时，应保证阁楼一半面积的净高在 2.1 m 以上，最低处的净高也不宜小于 1.5 m，还应尽可能有直接的通风和采光。为减少交通面积，联系用的楼梯可以设置得陡一些，坡度小于 60°。面积较小的阁楼还可采用爬梯。

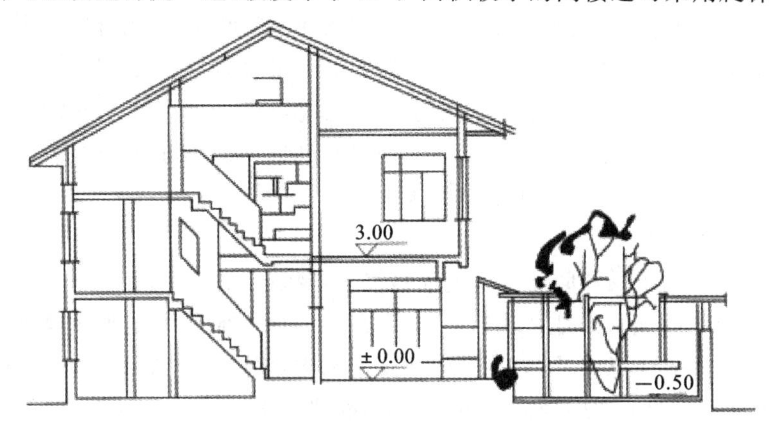

图 7.24　坡屋顶的空间利用

②利用楼梯上下的空间。

对于室内楼梯，楼梯的下部和上部空间乃是利用的重点。在楼梯的下部，通常设置储藏室或小面积的功能空间，如卫生间。而楼梯上部则可以作为小面积的阁楼或储藏室等，如图7.25所示。

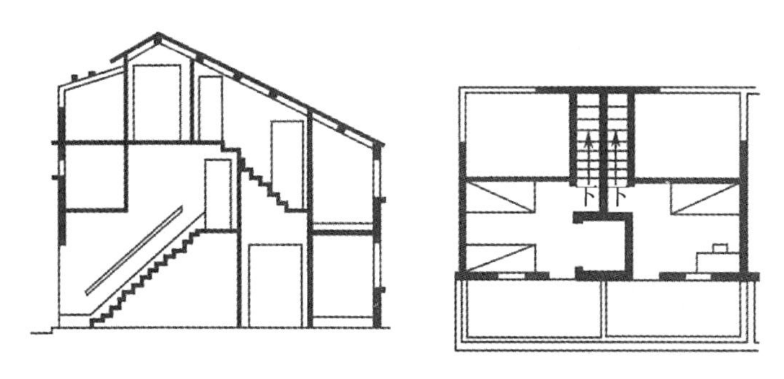

图7.25　楼梯上下空间的利用

7.2.4　山地梯形设计

在城镇用地中，由于地形的变化，住宅的布置应当与地形相结合。地形的变化对住宅的布置影响很大，应在保证满足日照、通风要求的同时，努力做到因地制宜，随坡就势，处理好住宅位置与等高线的关系，减少土石方量，降低造价。通常可采用以下三种方式。

(1) 住宅与等高线平行布置。

当地形坡度较小或南北向斜坡时常采用住宅与等高线平行布置方式，这种布置形式应用较多，不仅可以节省土石方量和基础工程量，还使得道路和各种管线的布置也较为简便(图7.26)。

(2) 住宅与等高线垂直布置。

当地形坡度较大或有东西向斜坡时，常采用住宅与等高线垂直布置方式。这种布置方式的优点是土石方量小、排水方便，缺点是台阶较多，不利于与道路和管线结合。采用这种方式时，一般是将住宅分段落错层进行拼接，单元入口设置在不同的标高上(图7.27)。

(3) 住宅与等高线斜交布置。

住宅与等高线斜交布置方式通常结合地形、朝向、通风等诸多因素综合确定，它兼有上述两种方式的优缺点。当地形变化较多时，住宅设计既要考虑地形、朝向等因素，又要考虑经济和施工等方面的因素。

7.2.5　住宅花园设计

住宅花园包括底层架空花园、层间花园、入户花园、户内花园和屋顶花园等。通过设置住宅底层架空花园，可以改善当前住宅区开放空间匮乏的状况；通过公共交通

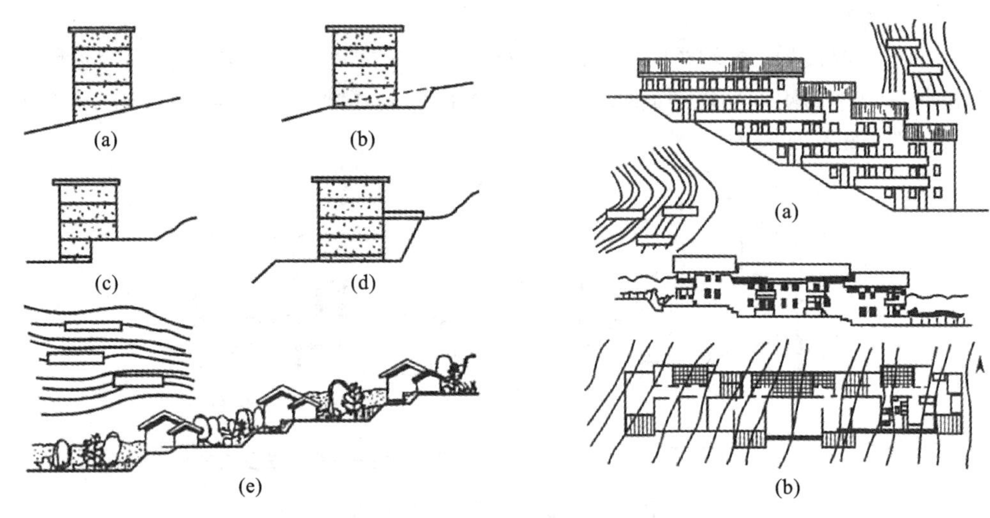

图 7.26 住宅与等高线平行布置

图 7.27 住宅与等高线垂直布置

空间、梯间平台空间等的探寻，使层间花园成为富有生命力的交往场所；入户花园过渡空间的设置改变了传统厅式住宅“开门见厅”的生活模式；户内花园的引入，使住宅平面布局不再以厅为唯一中心，改变了传统的“厅出阳台”或“房出阳台”的布局。这些住宅设计思想的改变，适应了人们起居生活模式的变化、环境意识的日益提高和追求更多接触自然的需求。屋顶花园的设置，更进一步加强了多层、高层花园住宅向自然空间的渗透。

（1）底层架空花园。

底层架空层是指建筑物中仅以结构体作为支撑、无外墙围合（围护结构）的敞开空间层。一般底层架空部位为休息空间、通道、水域或斜坡等。

底层架空花园设计，一般是把建筑物（单体或多幢）的底层（或可能通高数层）的部分或全部空间，去掉其正常的围合限定（如墙、窗等），使之成为通透、延续的空间，常表现为支柱层的空间形式，有的是大面积的无柱空间，是有顶而无围护的空间。一般不用于具体的功能，而是引入绿化、休息设施等作为人们的公共活动空间。

在具体设计上，底层架空花园内可引入绿化、水体、小品及座椅、灯柱、招牌等设施，使人们即使置身于架空空间内，也仿佛漫步于室外的大自然中，既有室内宜人的气氛，又具有室外亲近自然的亲切感。底层架空花园设计应注意架空空间的尺度，一般以 3.0～4.5 m 为宜，否则层高太高，易显得空旷、不够亲切，而层高太低，易造成压迫感。底层架空花园设计应有环境意识，注重细部设计，营造出亲切的气氛，不应成为管线集中的地方或杂物堆放场所，还应注意植物的配置和选择，宜耐阴、少虫害、易成活。架空层的标高设计一般以 0.1～0.3 m 为宜，室内外区域应有良好的过渡，避免生硬（图 7.28）。

底层架空花园设计的应用有明显的地域气候条件。南方亚热带、热带地区为典型的湿热气候，架空设计的应用有得天独厚的地域条件。架空空间留出的阴影空间，

(a)

(b)

图 7.28　底层架空花园

一方面可遮阳避雨、提供适于交往的公共开放空间；另一方面，丰富建筑景观层次，造型虚实对比强烈，形成南方地区建筑通透、轻巧的风格。

综上所述，底层架空花园是花园住宅开放空间的重要组成部分，是私有住宅中的公有空间，通过住宅底层架空花园设计及应用分析，引起人们重视和关注自然环境，改善当前住宅区开放空间匮乏的状况。

(2) 层间花园。

层间花园是从底层架空花园到入户前的环节，它是具有交往功能的过渡空间，是一处富有生命力的交往空间。层间花园提供了一种较好的家居生活空间，通过打破原有封闭的居住模式，使居家生活适度外延，并通过竖向交通的积极引导，使邻里之间的交往可以不受阻碍、自然而然地发生(图 7.29)。

层间花园分布在以下位置。

图 7.29　层间花园

①中庭式的公共交通空间。

公用的入口、门厅被有意识地布置在采光充分的位置，使这个拥有最大采光面积的开敞场所如同一个有玻璃顶的街道，竖向部分由许多天桥联系着各户入口，形成人看人的室内场所，以达到促进人们交往的目的。这种处理方式可以起到一定的交流作用和视觉上的互动作用，但由于居家的生活气息未延伸出来，人们不会逗留较长时间，邻里间的交往仅仅是半公共性的。

②可休憩的梯间、走道平台空间。

将楼梯、电梯间、走道采用露明设计，并结合走道、楼梯、电梯间平台布置交往空间，采用大面积的采光窗，以扩大视野形成好景致，塑造尺度适宜、便于停留、气氛宜人的交往场所。

楼梯间、走道布置在户外，对每户居民的前院和组团绿地敞开。通过前院领域与交通领域的相互渗透，直接在每户人家的前面创造了户外停留的良好条件。楼梯、走道在这里的作用不仅是使不同层的居民交流与相聚，而且使居民们的户外活动能自由地流向组团院落。

(3) 入户花园。

将传统住宅楼梯平台或电梯厅至户门间的连廊或阳台加强，形成入户花园，在各层可以形成富有生活气息的花园，以吸引人们驻足，使那些原来在室内从事的活动移至户前过渡的花园中。

入户花园的空间从属性上来分，可以分为内入户花园和外入户花园两类。内入户花园指的是入户花园在入户门内；外入户花园指的是入户花园在入户门之外。一般来说，一梯二户的住宅较易设置内入户花园，连廊式住宅较适合设置外入户花园。

外入户花园的入户绿地由连廊划分与界定，形成清楚划分的共有空间。连廊在这里既是交通要素和交流场所，又起到相邻空间过渡与融合的作用。它不会生硬地阻碍与外界的接触，而是提供良好的视线联系。这个由连廊围合而成的廊院尽量把所有的出入口都吸纳进来，既可停留和观察，又不会处于众目睽睽之中，既提供防护，又有良好的视野。

内入户花园一般连接入户门与客厅门，是一个类似玄关的花园门厅。它将客厅与外界进行一定的阻隔，使客厅不与外界直接接触，提高了家庭的私密性，同时丰富了室内的空间格局，营造出家庭温馨浪漫的氛围。当你打开家门，展现在面前的不再是一览无余的客厅与卧室，而是绿意盎然的花园。住户可在入户花园门厅内摆放一些绿色植物和休闲物品。在这块绿色空间里，不仅可以尽情放松愉悦，还可以使厨房或卫生间通风。因此，只要设置入户花园得当，户型的平面布局、功能分布上可能更加合理，还在一定程度上减少了传统户型设计中的空闲面积。

这种多层次开放的设计促进了多层次的交往扩展，也营造了多层次递进的归属感。而这种集体归属空间的营造，能在私有住宅之外形成一种更强的安全感知，即居住领域的认同，这将方便住户更多地使用公共空间。

(4) 户内花园。

户内花园是一个可以令人享受充足阳光、有利于植物生长的空间。最理想的户内花园是住宅的起居空间的延续或起居空间与居住空间的分隔，使人们能够在阳光明媚的日子里，在花园中摆放桌凳，品茶休闲。空中花园让人们的“庭院情结”在空中得以延伸。无论是一层的住户还是高楼层住户，都将享受到私家花园般的花园生活。

户内花园对于住户的意义则是住户的功用和社会心理的满足。牵涉每个住户的功能使用、喜好等社会文化因素。从这个方面讲，户内花园与传统住宅中的庭院类似，实际上相当多的住户会以庭院的全部或部分要素来评价户内花园。除功能外，户内花园还涉及对中国传统文化情怀的渴望和追求，使户内花园更具人文意蕴。

①错层设计的户内花园。

通过奇数楼层和偶数楼层阳台的错位设计，花园住宅的每一层均实现了挑空阳台、户户享受花园的设计初衷，实现了人们将花园引入普通住宅的梦想，形成了立体园林生活。错层设计户内花园的意义：第一，部分地方政府规定错层阳台可以不计入建筑面积，因而通过错层设计花园平台，面积可以做得更大；第二，由于错层设计的花园平台全部或部分是两层的高度，因此空间视野会更好。不足之处是：如果是平层住宅，上层住户对下层住户视线有干扰，花园的私密性会受到影响；如果是复式住宅，则无视线干扰，但此类住宅一般面积较大。错层设计的户内花园既是一种形式，也是一种设计手法，在其他类型的花园设计中也经常应用。

②复式住宅在竖向叠加的户内花园。

将带有花园的多个复式住宅单元在竖向空间上叠加起来，以获得比低层住宅更高的用地经济性，使人们在集合式住宅中体验到别墅般的空间感受。复式住宅是低层、多层住宅的一种形式，由于每个单元占有两层高的空间，其阳台的设计也更为自由灵活，不仅可以扩大平面面积，而且可以更多地在立体空间上处理得错落有致、层次丰富，将上、下两层空间连接起来，增添人们的生活情趣。从功能分区的角度来看，这种住宅形式下的每个复式单元都对宅内公共空间与私密空间进行了恰如其分的划分：下层作为宅内起居、就餐、接待等公共活动层，上层布置较为私密的卧室、家庭起居厅等，从而营造出一楼一景的空间效果。

③不同户型在竖向叠加的户内花园。

将不同类型的户型在垂直方向上叠加：若小户型只有一层平面，那么将大户型设计成两层或三层平面，将底层部分地方凹进去，使小户型有两层高的花园空间。大户型本身能形成两层高的花园空间或借助另外的一户形成高空间的花园。这样，花园平台利用错层设计的手法，使得视野开阔、阳光充足，也丰富了住宅的立面效果。

④居室界面转换的户内花园。

花园与居室的界面在平面可以变动，花园沿居室可以纵向移动。换言之，花园面积可大可小，花园可设在不同的居室外侧，沿着水平方向变化。灵活设置的花园能满足住户的多样化需求。每层、每户的不同居室花园设置可使住宅在垂直方向有不同叠加的效果。每户的花园平台各不相同，户与户之间的庭院基本上互不遮挡。

从传统院落水平方向提取基本的空间单元，经过水平方向和垂直方向的变化，使院落由水平改为垂直方向的发展。不断改变方位的花园使每户都拥有自己的一片天空。其优点是花园多样,立面变化自由。但不足之处在于居室界面的转换往往导致漏水等问题的出现,立面如处理不当,很容易产生混乱。

⑤嵌入式的户内花园。

常规的户型组织要素包括起居室、卧室、厨房、卫生间等功能。户内花园是户型设计上的一次突破,在设计时可以打破常规空间,创造户内花园,将户内花园作为要素组织平面设计,可根据需要放置花园,不拘泥于一般的外挂布局形式。例如,如果将花园平台设计在起居室和卧室之间,就赋予它更多的功能,动静空间被彻底地分开了,在卧室、餐厅、客厅都可以享受到新鲜的空气和良好景观。如果将花园平台设计在卧室之间,优点也有很多。如果是几代同堂的家庭,小孩、父母、老人的居住空间不会互相干扰,同时,花园可成为家庭的另一个活动中心。

(5) 屋顶花园。

屋顶花园是指利用住宅屋顶覆土种植花草树木,形成的屋顶庭院。它是园林建设的形式之一,体现了自然空间向建筑的渗透,它对花园住宅生态环境的改善、美化以及室外空间的合理利用,都具有非常重要的意义,见图7.30。

图7.30 屋顶花园

①改善居住环境的生态功能。

绿色植物在调节温湿度、净化空气、滞尘、降噪、抗污染等改造环境方面具有不可忽视的作用。花园住宅的垂直绿化,特别是屋顶花园,不仅能增加绿地面积,还可以明显改善室内环境。实践证明,有屋顶花园的住宅与普通住宅相比,室内温度相差2.5 ℃左右,可以使室内达到冬暖夏凉的效果。与此同时,屋面覆土种植可防止热胀冷缩、紫外线辐射等给屋面带来的不利影响,延长建筑物的使用时间。

②陶冶情操的美化功能。

屋顶花园为居民的生活环境带来绿色情趣,这比其他物质享受的意义更为深远。屋顶花园不仅能从形式上起到美化空间的作用,还能使空间环境具有某种气氛,满足人们的精神要求,陶冶性情。同时,绿色植物能调节人的神经系统,使紧张、疲劳感得到缓解和消除，因此，人们都希望在居住、工作、休息、娱乐等各种场所欣赏到绿化景观。

③丰富多彩的使用功能。

屋顶花园可以协调花园住宅与环境的关系，使绿色植物与建筑有机结合并相互延续，屋顶花园的发展趋势是将绿化引入室内公共空间。同时，屋顶花园也是花园住宅室内空间的外延，可以设置亭、台、廊、桌椅、运动器械等设施，形成集观赏、游玩、休憩、运动、交流等于一体的室外空间。

也有部分多层花园住宅将屋顶花园分给顶层或顶层和次顶层的住户，再用楼梯和住宅取得联系，形成私家花园。多层住宅一般也可以将地面花园分给一层或一层和二层住户使用，中间楼层则采用错层露台或退台等手法形成空中花园，达到家家户户拥有私家花园的目的。

7.2.6　景观小品设计

宜居园林式城镇住宅景观小品是居民室外活动必不可少的内容，是室外环境装饰的重要组成部分。景观小品虽然体量不大，但题材广泛，内容丰富，为数众多，对美化住区环境和满足居民的精神生活起着非常重要的作用。

(1) 雕塑小品设计。

雕塑是指用传统的雕塑手法，在石、木、泥、金属等材料上直接创作，反映历史文化和思想追求的艺术品。雕塑与周围环境共同创建一个相对完整的视觉形象，同时为景观空间增添活力。通过一个精致的空间造型点缀空间，使空间充满意境，从而提高整体环境的艺术氛围(图 7.31)。

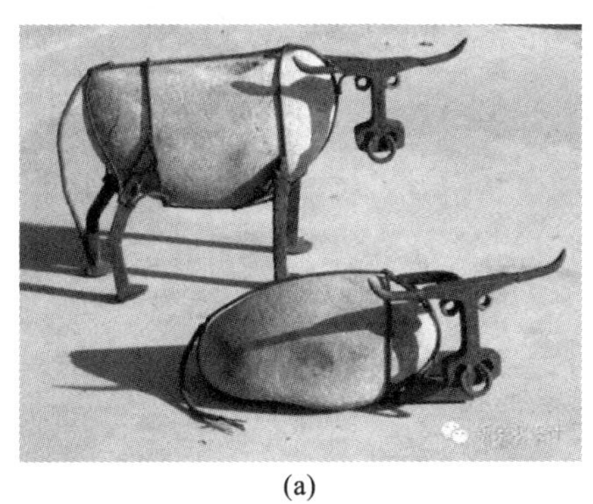

(a)

(b)

图 7.31　雕塑小品

(2) 水景小品设计。

水是生命之源，人类在潜意识里有着亲水性。对于宜居园林式城镇居住环境来说，水景是重要的构成元素，为环境增添无穷的魅力与美感(图 7.32)。

水景一般有自然式、装饰式和规则式三种。

①自然式水景应设置在有限的空间里，如宅前、园中或墙角处。在水景堆上溪坑

石或太湖石，种上水生植物，洒上些石子，一种接近大自然的景观就营造出来了。其中的关键在于要将岩石、植物和其他材料有机组合起来，使其看上去更加自然和谐，兼有意趣。

②装饰性的水景和自然式水景比较起来，最大的优点在于能随意搬动，更加简便。比如微型喷泉，虽然喷出的水少，流速慢，但同样会形成种静中有动的景观。构建装饰式水的材料多姿多彩、种类繁多，只要是盛水的容器都可以，如瓦缸、木桶、陶缸等，由于体积小、随意性强，能赋予鲜活耐久的生命力。

③规则式水景一般有方形、圆形、椭圆形等几何形状，通常需要足够的空间来陪衬，才能达到最佳的效果。

(a) (b) (c) (d)

图 7.32　水景小品

(3) 装饰小品设计。

装饰性小品是指一些起到点缀、应景作用的装饰性物体，主要突出趣味性。与雕塑小品相比，其创意与制作都较为简单，甚至可直接采用一些工业成品。这类小品着重于生活场景的营造(图 7.33)。

(4) 山景小品设计。

在房前屋后叠筑假山，意在点缀，贵在玲珑有趣，浑然一体，注意凹与凸、透与实、皱与平、高与低的变化，再配以花草树木，从而形成生动的画面(图 7.34)。

(a)　(b)　(c)

(d)　(e)

图 7.33　装饰性小品

(a)　(b)

图 7.34　山景小品

(5) 休闲小品设计。

休闲小品包括座椅、凳子、桌子、凉亭、花架、树桩等。

①亭子。

亭子是供居民休息、避雨、观景的场所，其特点是四周开敞，常与山、水、绿化结合起来(图 7.35)。

(a) (b) (c) (d)

图 7.35 亭子小品

②花架。

花架在景观小品中出现的频率很高。随着时代的不断发展，花架在造型上有很多变化，较常见的是双排列柱、双面通透的花架和一排列柱的单支柱式花架。新材料使花架在高度、跨度、弧度上呈现更大的自由。疏朗、开敞、空透、灵动，成为花架的设计时尚。在结构形式上，花架的观赏性越发引起重视，强调仰视、俯视以及远眺、近观的效果。一些花架造型细腻，干脆不用植物，让人欣赏建筑的造型美，表现出灵活的自由度(图 7.36)。

(6) 绿化小品设计。

绿化植物配置要根据城镇住宅区居民的活动内容来进行，实现城镇住宅区以植物自然环境为主的绿地空间的营造，并使住宅区内每块绿地环境都具有个性，而且丰富多彩。为方便人们的活动，在提高覆盖率的同时，还要确保有一定面积的活动场地。绿化可采用铺装地面保留种植池栽种大乔木的方法。绿地边缘种植观叶、观花

(a) (b)

图 7.36 花架小品

灌木,园路旁配置体量较小但又高低错落的花灌木及草花地被植物,使其起到装饰和软化硬质铺装的作用。这样既组织了空间,又满足了活动和观赏的要求。城镇的住宅小区植物绿化应充分发挥城镇植物品种丰富的优势,以植物绿化作为主要选景手段,为城镇的居民提供舒适的自然居住环境(图 7.37)。

(a) (b)

(c)

图 7.37 绿化小品

7.3 宜居园林式城镇住宅细部设计

住宅的细部设计包括很多方面，大到整个空间形态的细部推敲，小到一个室外空调板的设计，都算是细部设计的范畴。宜居园林式城镇住宅的细部设计可以从以下几方面入手。

7.3.1 平面功能细部设计

平面功能的细部推敲是通过对住宅功能的研究，来满足人们对住宅的宜居需求，同时为人们创造更多灵活使用的空间。比如：增设休闲厅或起居厅，满足对生活质量要求更高的人群的需求，尤其为重视家庭生活的家庭创造更富有情趣的空间，满足家庭内更广泛的活动需要；主卧室增加衣帽间、书房等；设置各种形态的阳光房，为喜爱生活、喜欢阳光的人提供舒适的空间。

7.3.2 形态细部设计

空间是建筑的主体，通过对空间形态、尺度、层次等的详细设计，满足人们对空间的特殊喜好。如平面空间形态不断多样化，设置成弧形、三角形、多边形等形式。空间层次也由二维向三维发展，采用错层、跃层、复式空间设计，形态多样。这样不仅丰富了居住空间，还可以满足不同的需求。

7.3.3 厨卫细部设计

厨卫空间是住户关注的重要空间，也是能体现不同生活方式的空间，如选择中式餐厅还是西式餐厅。复合式厨房可将中式餐厅、西式餐厅与家务阳台结合起来。还可根据家庭生活习惯灵活划分空间，自由组合功能空间，满足住户的需求。

7.3.4 门窗细部设计

门窗的细部设计是通过对门窗的形态、式样、类型、位置的细部推敲，来满足不同的需求。如各种凸窗、落地窗、转角窗等，形式多样，不但丰富了立面造型，改善室内的空间感受，又扩展了空间，可作多功能空间使用，为住户创造了更自由、更个性化的空间。

7.3.5 阳台细部设计

阳台的位置、功能、数量、形态、尺寸的详细设计可以满足多种需求。比如从功能来看，在满足服务阳台和观景阳台的基础上，许多房型将阳台尺度加大，形成空中花园，使阳台可以进行休闲、娱乐、健身、养花种草等多种活动，增添生活的情趣。为了解决大阳台与室内采光的矛盾，有些将阳台设置于两个房间之间，或将阳台设置于次卧之外,只有部分在客厅或主卧室之外。此外,还有一种小阳台,进深只有600～900 mm,一般在卧室外,满足面积小但又希望拥有一个与自然直接对话的空间的需求。

7.3.6 立面造型细部设计

立面造型的细部设计可满足不同人群的个性化审美需求。对细部构架、阳台栏杆、空调板、色彩、材质及细部窗洞、单元入户处等的处理,可体现建筑的个性化特征。

7.3.7 特色细部设计

特色细部设计主要有以下四种方式。

(1) 利用建筑风格塑造建筑特色。

建筑风格是城镇建筑特色最直观的体现,因而,塑造城镇建筑特色的首要途径就是要充分利用建筑风格。在我国不同地区,建筑物的地方特色非常明显。例如江南水乡的特色是小巧而别致民居,北方的特色是四合院,这两种特色建筑风格迥异。

(2) 利用传统文化塑造建筑特色。

传统文化的积淀反映了城镇的精神风貌,是城镇的内在本质特色。与大中城市不同,城镇受到的经济冲击较小,保留的传统文化也较多。对传统文化的保护越好,越有利于提升城镇的文化品位,并在旅游业日益发达的今天成为丰富的财源。

文化与传统特色的形成主要来源于两方面:一是挖掘历史文脉,传承优秀的传统文化;二是依托传统文化背景,形成的具有时代气息的新文化。城镇文化特色的形成就是继承与创新二者协调发展的结果。只继承而不创新的文化缺乏鲜活的生命力,不能长久下去;抛弃传统而一味追求创新的文化犹如无源之水,也不会有吸引力。

(3) 利用自然资源塑造建筑特色。

在塑造城镇建筑特色时可充分利用自然资源达到预期效果,还节省建设资金。比如:山区可以利用地形的坡度顺势而建,既能节约投资,又能形成高低起伏、错落有致的景观;利用原有的地形地貌稍加修饰,结合周边的山水要素,随岗就坡,宜直则直,宜曲则曲,则能收到巧夺天工的效果。

(4) 利用绿化塑造建筑特色。

绿化的美化环境和生态循环的功能是无可替代的,绿化率较低的城镇是没有生命力的,更没有特色可言。利用绿化塑造城镇建筑特色可这样入手:①充分利用已有的山水资源,不做过多的人工雕饰;②绿化形成一定的规模,充分发挥绿地的生态功能;③选择适合当地生长的植物,既花钱少,又易成活,还好管理。

7.3.8 环境细部设计

环境细部设计从以下4方面着手。

(1) 创造灵活多变的建筑空间环境。

合理的建筑空间可以成为联系人、建筑与环境的桥梁,应尽可能多地将自然元素引入住宅空间，以营造多种功能的交互空间，实现建筑物与院落景观的有机结合。作为每日生活生产的场所，住宅环境的品质直接影响到住户的生活质量。

首先，根据当地地理经济条件来确定住宅的朝向与体积，尽量避免因建筑立面的凹凸转折和烦琐装饰而造成浪费，力求住宅空间紧凑化，以减少建筑用地。

其次，按照功能需求确定建筑物的转折变化与高低错落，并利用建筑的各个空间层面与户外景观设计融为一体，使整个住宅设计体现出对住户的尊重与关心。

最后，在住宅单体设计中，以经济实用为原则，减少能耗，提高住宅的舒适性。

（2）利用通风技术节能。

在炎热的夏季，良好的通风显然十分重要。首先，可利用庭院空间组织室内外通风，创造自然空气循环系统。通过创造丰富的开敞与半开敞建筑空间，让各功能区之间产生良好的通风对流，从而营造出宜居的空间环境。其次，在住宅设计中合理安排窗户的朝向来控制室内空气流动。

（3）合理创造生态环境。

紧密结合各种先进生态节能技术，通过院落绿化、露台绿化、屋顶花园、小池塘、廊架和植物幕墙等多个空间层次展开，以创造合理的院落生态环境系统，提高人均绿地面积，达到生态建筑绿化率不低于40%的要求。

（4）充分利用当地可再生能源。

首先，在建筑材料选择上做到就地取材，选用经济易得的地方材料和可再利用的旧建材，不仅能节约造价，延续传统的循环建造的生态理念，还能实现与传统乡村建筑群色彩的和谐统一。

其次，在使用地方材料作为住宅建设材料的来源时，也应注重材料的重新利用。结合当代先进生态科学技术对当地材料进行改造，以增强新住宅的宜居性。

最后，通过有针对性地引入绿色能源，在日常生活中尽量使用太阳能、沼气、地热、中水系统等可再生能源，以实现住宅中小生态环境的良性循环。

第8章　宜居园林式城镇规划设计案例

8.1　生态绿地系统规划设计

8.1.1　规划条件

(1) 环境分析。

临汾地处山西省西南部，位于黄河中游与太岳山之间，南北最大纵距170 km，东西最大横距约200 km，总面积为20 275 km。临汾，古称平阳，为帝尧之都，因濒临汾河而得名(图8.1)。

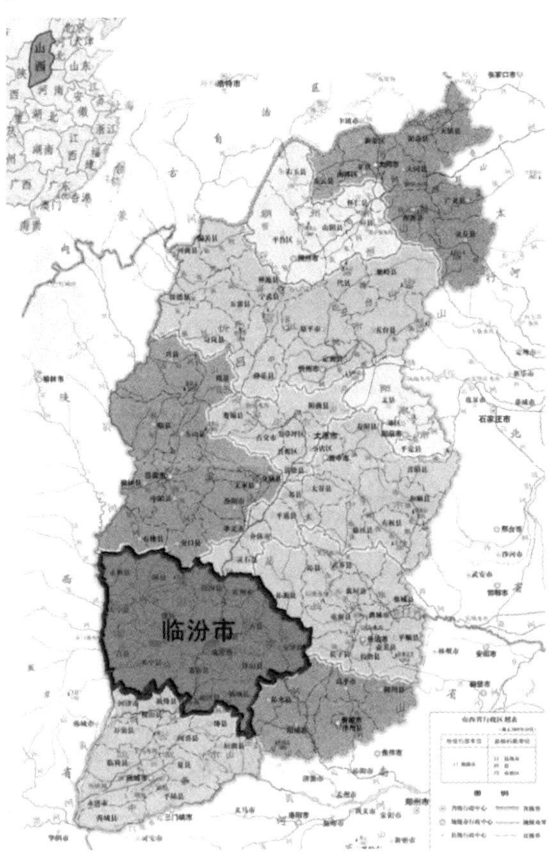

图8.1　临汾市区位图

临汾市属中国植被区划Ⅲ区即北部暖温带落叶阔叶林区，该区气候特点是一年四季分明，夏季炎热多雨，冬季寒冷。植物结构简单，可明显分为乔木层、灌木层和草本层，植物群落季相变化非常明显。临汾地处干旱少雨的黄土高原，位于中国降雨量分界线边缘，年平均降雨量为 524 mm，但季节分配不均，水土流失严重，不能充分利用天然降水，缺水现象严重。

临汾市内有鼓楼、古城墙遗址、尧庙等人文景观，也具有贡院街绿地、华门景区等绿化资源，汾河、涝河、洰河水资源丰富。南同蒲铁路依城而过，城市东南部坐落有大型钢铁企业临钢（太钢集团临汾钢铁有限公司）。临汾市综合资源如图 8.2 所示。

（2）规划范围。

临汾市域行政辖区范围，包括一区二市十四县：尧都区、侯马市、霍州市、曲沃县、翼城县、襄汾县、洪洞县、古县、安泽县、浮山县、吉县、乡宁县、蒲县、大宁县、永和县、隰县、汾西县。临汾辖区总面积 20 275 km^2。

规划管理区规划范围包括临汾市尧都区下辖的 8 个街道办事处和 16 个乡镇、临汾经济开发区辖区以及洪洞县靠近市区的甘亭镇、襄汾县靠近市区的襄陵镇和邓庄镇，规划管理面积约 1513 km^2。

（3）功能定位。

根据《临汾市城市总体规划（2009—2020）》的要求，结合中心城区现状发展条件与区域发展需求，将城市绿地与外围生态涵养林带相融合、城区绿地和郊区绿地相补充、新区绿地和老区绿地相结合，建成风景秀丽、环境优美的和谐宜居城市和现代化的山水园林城市。

8.1.2 规划设计

临汾市城市规划设计包括以下内容。

（1）市域绿地系统规划。

市域绿地系统规划以临汾市自然资源、人文资源和现有绿化条件为基础，结合农田建设和退耕还林工程的实施，以建立自然保护区、风景名胜区、森林公园、水源保护地等市域大型生态绿地为重点，通过滨河防护绿化、山体绿化、交通干线绿化、农田林网绿化，与城区绿地相联系形成“一带、三区、五片、八中心，纵横网络交织带”的区域绿地空间（图 8.3）。

（2）市城乡统筹规划。

规划郊区绿地系统特征可以概括为“一环、两带、两片、多点”。“一环”即以中心城区绕城生态环；“两带”指汾河生态廊和涝洰河生态廊，该区以改善城市生态环境，保护北方地区特有的城市湿地生态景观为目的；“两片”指东、西两个生态区，通过东、西两山绿化造林，改善城市外围生态环境，营造城市外围景观风貌；“多点”指规划区内的一级水源保护区、风景名胜区等。绿地系统统筹规划反馈图见图 8.4。

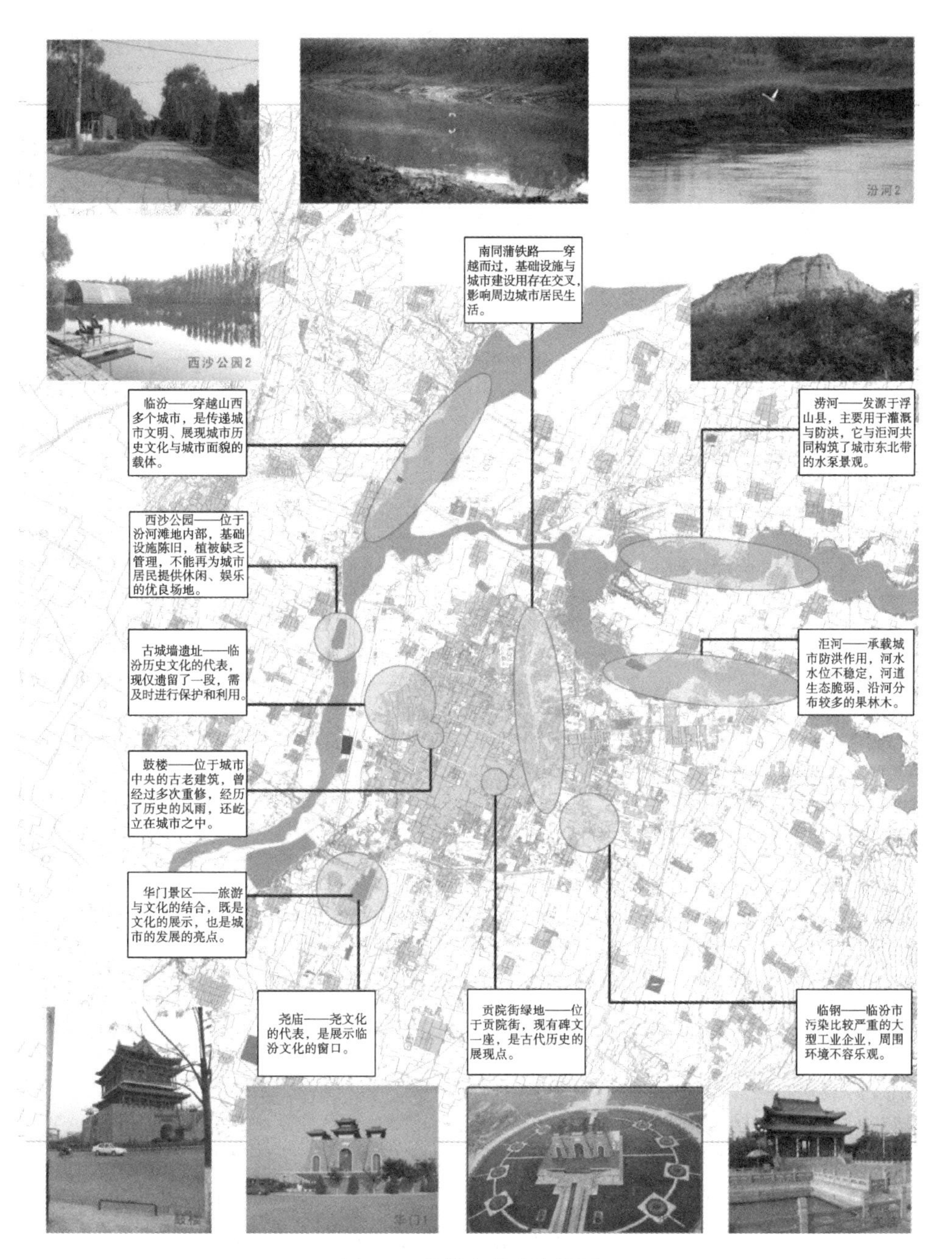

图 8.2 临汾市综合资源图

(3) 中心城区绿地系统布局结构。

结合临汾新版城市总体规划及地域环境，应用科学方法将山水园林、氧源效应、通风廊道等理念相互融合，形成“一片、四环、三廊、七节点”的绿地系统布局，该布局吸取了带状绿地布局和点状绿地布局的优点，充分利用了块状绿地和绿色廊道的优

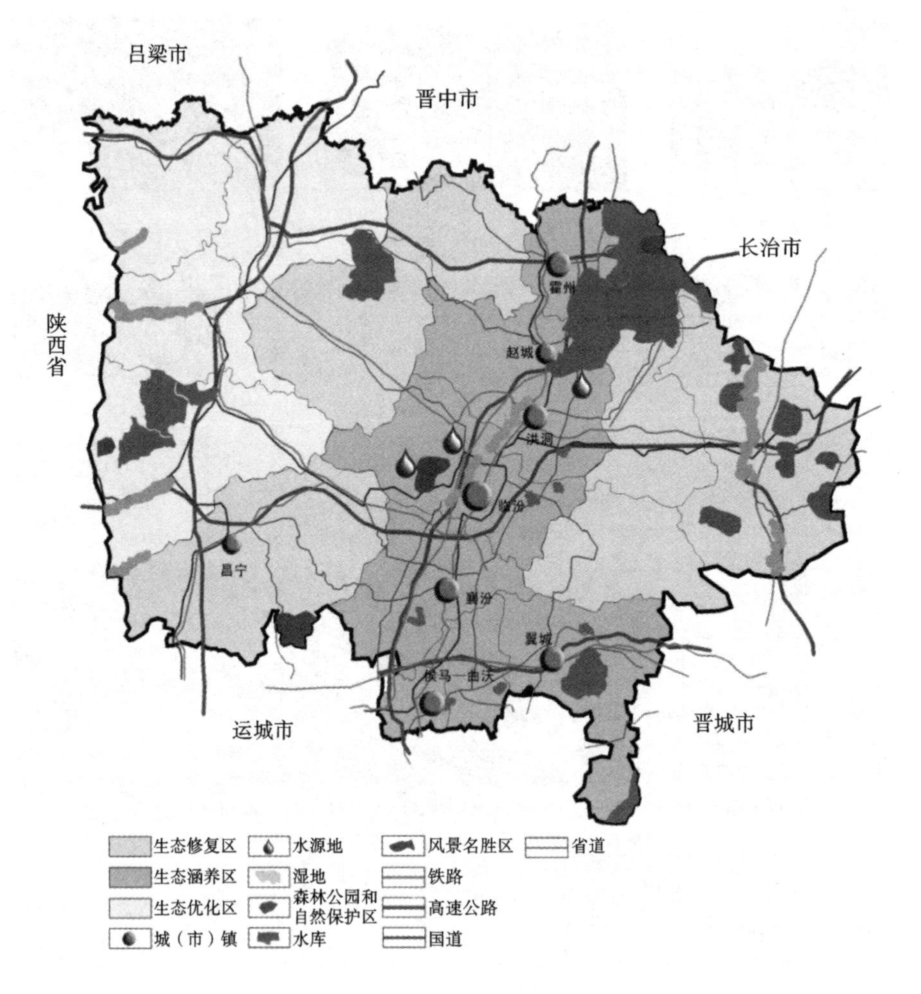

图 8.3 市域绿地系统规划总图

势，使城市绿地系统连成网络状，发挥了城市绿地的生态效益，并使城市与外界环境顺畅连通，有效缓解城市污染，为城市中的生物提供了与外界大环境相连的通道，维护城市的生物多样化(图 8.5)。

一片：涝洰河沿线生态绿地形成的城市北部生态文化功能片区。

四环：古城生态环、新城生态环、绕城生态环、环城水系生态环。古城生态环是由五一西路—大中路—壕沟大街—车站北街—平阳北街形成的环状绿带。新城生态环北为河汾路，东至南同蒲铁路生态环，南至尧庙北面大桥，西至河西新区的中心南北大道。绕城生态环是由环绕临汾中心城区高速公路(G108、G319)防护林带以及生态农业所形成的城市带状绿地。

三廊：①汾河生态廊道：利用汾河的带状空间形态、河道水体及其周边的带状植被生境，将汾河河谷纵剖为河道、岸坡、带状行水区、坡地以及带状高地 5 个分区，通

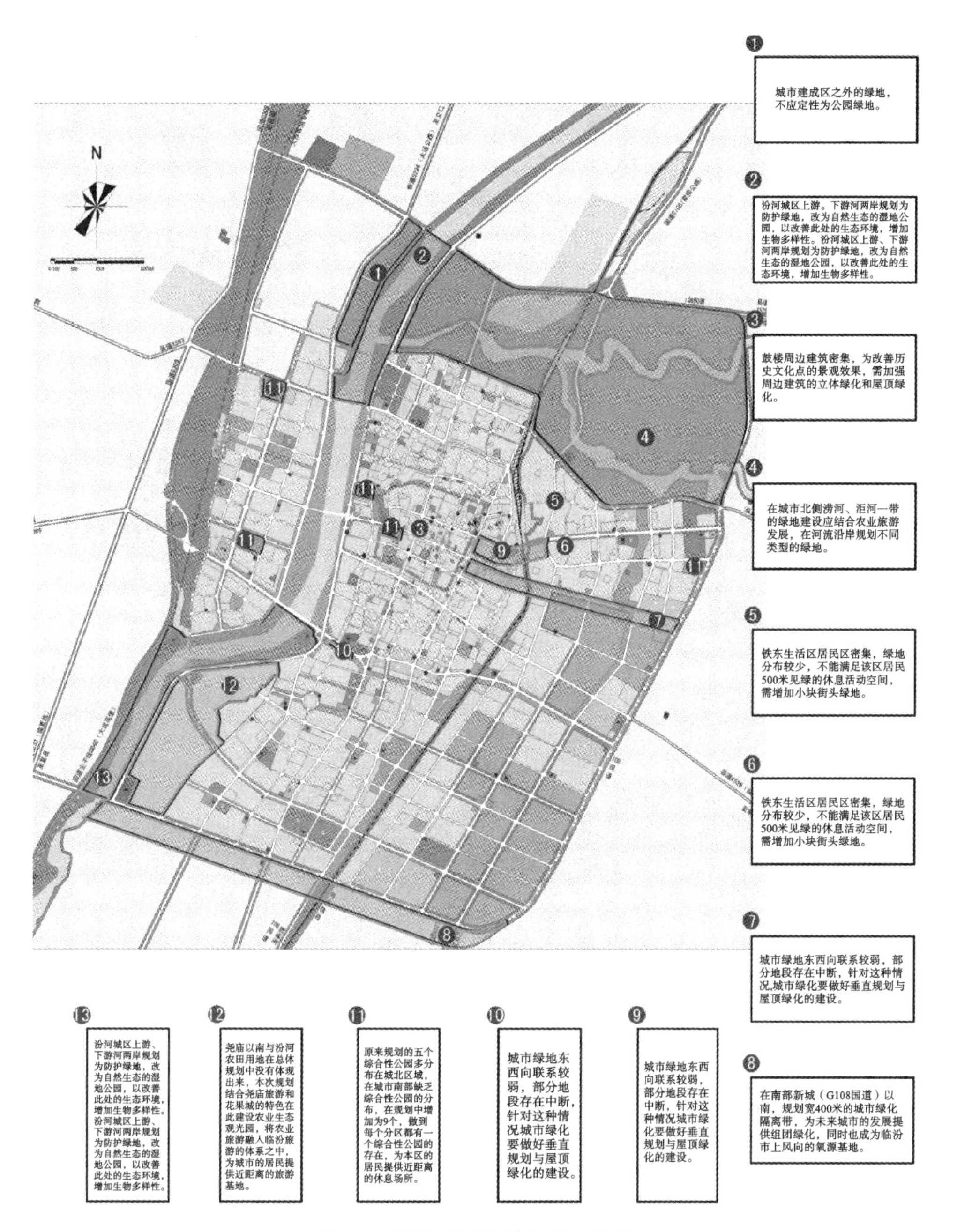

图 8.4　绿地系统统筹规划反馈图

过整治环境，用丰富的景观生态方式把汾河的水文流动、物质流动、生物流动与城市居民生活紧密结合起来，把河道景观的生态多样性充分展示出来；②铁路生态廊道：南同蒲铁路穿临汾城而过，周边居民遍布，生态环境较差，规划在铁路两侧各设 50 m 宽的防护林带，同时也将城市的南北绿地贯穿起来，在部分区域放大绿地空间，为城

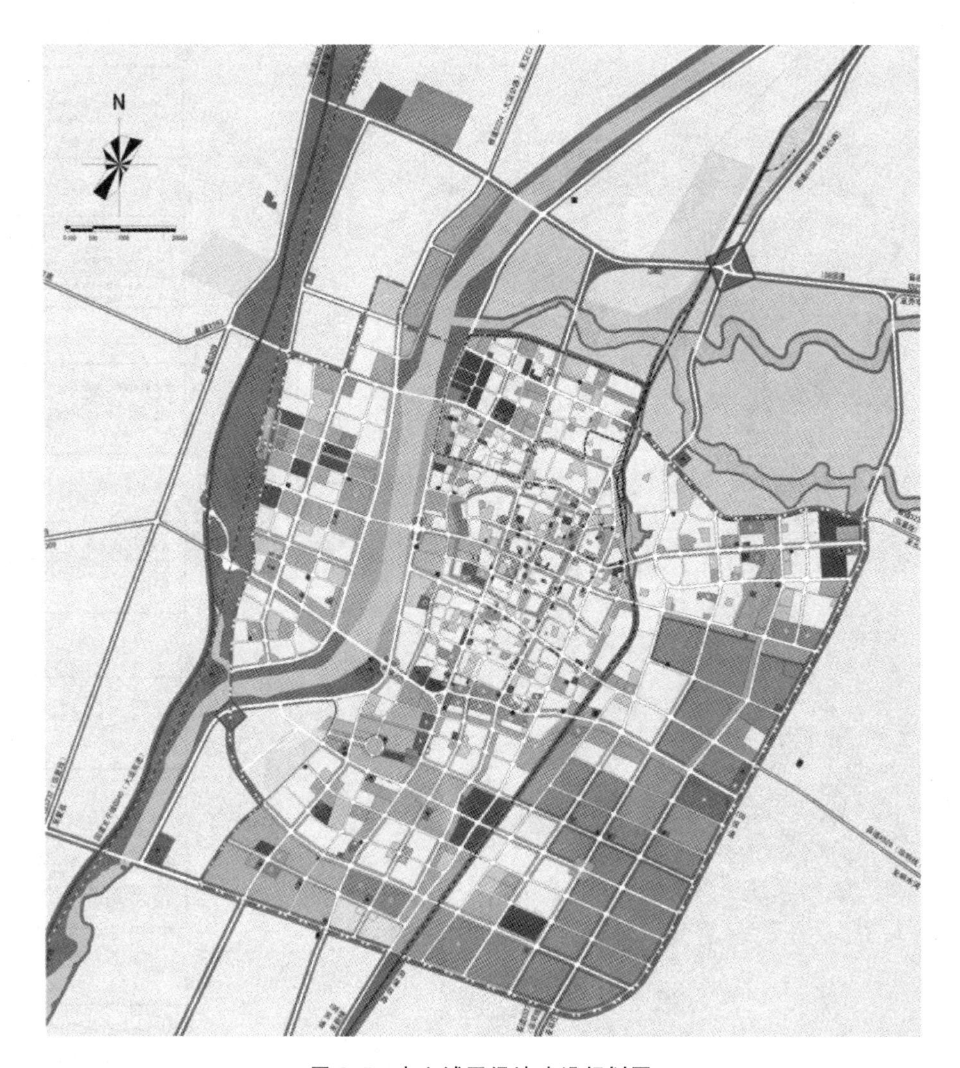

图 8.5 中心城区绿地建设规划图

市的景观展示与环境改善预留充足的空间;③高铁生态廊道:大运高速公路以及城市高铁汇聚于河西区域,沿高铁选用防护林带建设宽 150～800 m 不等的绿色廊道以削弱交通廊道自身存在的问题。

七节点:七个市(区)级公园,即德泽公园、汾西公园、旭升公园、古城公园、平阳公园、新田公园、尧都公园。

(4) 公园绿地规划。

共规划综合性公园 7 座,社区公园 40 座,专类公园 5 座,带状公园 50 座,街旁游园 108 座。根据规划,到 2020 年,临汾市公园绿地总面积 1507.05 hm^2,人均公园绿地面积达到 17.75 m^2。综合性公园分类表如表 8.1 所示。

表 8.1 综合性公园分类表

分类	序号	名称	面积/hm^2	位 置
G11 综合公园	A1	德泽公园	9.53	规划六路与规划三街十字西南
	A2	汾西公园	5.47	场中街与规划十路十字东南
	A3	新田公园	3.64	工业路与科教西路十字东南
	A4	古城公园	19.17	滨河东路与东二街丁字东南
	A5	尧都公园	12.23	临浮路与 108 国道丁字西南
	A6	平阳公园	20.63	南外环路与南同蒲铁路十字西南
	A7	旭升公园	6.79	南城九路与二中街十字西北
	汾河生态廊道		486.63	汾河两岸市区段

(5) 旧城区绿地规划。

旧城区的绿地系统规划结构为“一环、六带、十五园”。

“一环”指城墙遗址带状公园形成的环状公园,是临汾市旧城区的历史风貌景观核心区。

“六带”指两条主要景观廊道和四条次要景观廊道。主要景观廊道是鼓楼东西街和鼓楼南北街,这两条景观带是贯穿整个城市东西方向、南北方向的景观带,景观通透性强,并且连接了沿线的铁佛寺、城墙遗址、大中楼、关帝庙四个历史古迹点,是旧城区绿地系统的主要纽带。次要景观廊道是向阳路、中大街、平阳街和五一路,这四条景观带将区域内的散点景观绿地统一在整个旧城区绿地景观大环境中。“十五园”指旧城区规划的十五个较大的公园,包括 1 个综合公园和 14 个社区公园。十五园均匀散布在各个居住密集、活动集中的区域,是旧城区具有一定规模的公园绿地,以游憩为主要功能,同时兼具健全生态、美化景观、防灾减灾等作用,是改善旧城区生活环境的主要区域。

8.2 道路与基础设施规划设计

8.2.1 规划条件

(1) 项目概况。

白塔镇位于山东省淄博市博山区北部(图 8.6),位置优越,交通便捷,G205 国道与外环路在此贯通,辖 19 个村(社区)和 1 个城市社区,镇域面积 36.91 km^2,常住人口 6.4 万人,园林绿化现状经济指标见表 8.2。白塔镇是中国产业集群示范镇、中国县域产业集群竞争力 100 强、全国重点镇、国家卫生镇、全省重点示范镇、山东省首批省级园林城镇、山东特色产业镇创新发展 20 强、省级生态镇、全省社会治安综合治理先进单位,连续两年入选“全国综合实力千强镇”。交通体系、公共设施规划如图8.7、

图 8.8 所示。

表 8.2　白塔镇建成区园林绿化现状经济指标一览表(截至 2018.11)

序　号	指标名称	指　标　值
1	建成区面积/平方千米	14.48
2	建成区人口/万人	5.44
3	建成区绿地面积/万平方米	467.2
4	建成区绿化覆盖面积/万平方米	559.65
5	建成区绿地率/%	32.26
6	建成区绿化覆盖率/%	38.65
7	建成区公园绿地面积/万平方米	56.90
8	人均公园绿地面积/(平方米/人)	10.46
9	建成区防护绿地面积/万平方米	41.02
10	建成区附属绿地面积/万平方米	369.20

图 8.6　白塔镇区位图

(2) 经济产业。

按照《淄博市人民政府关于〈淄博市博山区白塔镇总体规划(2017—2035 年)〉的批复》,白塔镇的发展定位为博山区的副中心、北大门,以健康医药、汽车制造为主导的产业新城。

汽车制造产业是白塔镇传统优势产业,如汽车部件小微企业创新示范基地

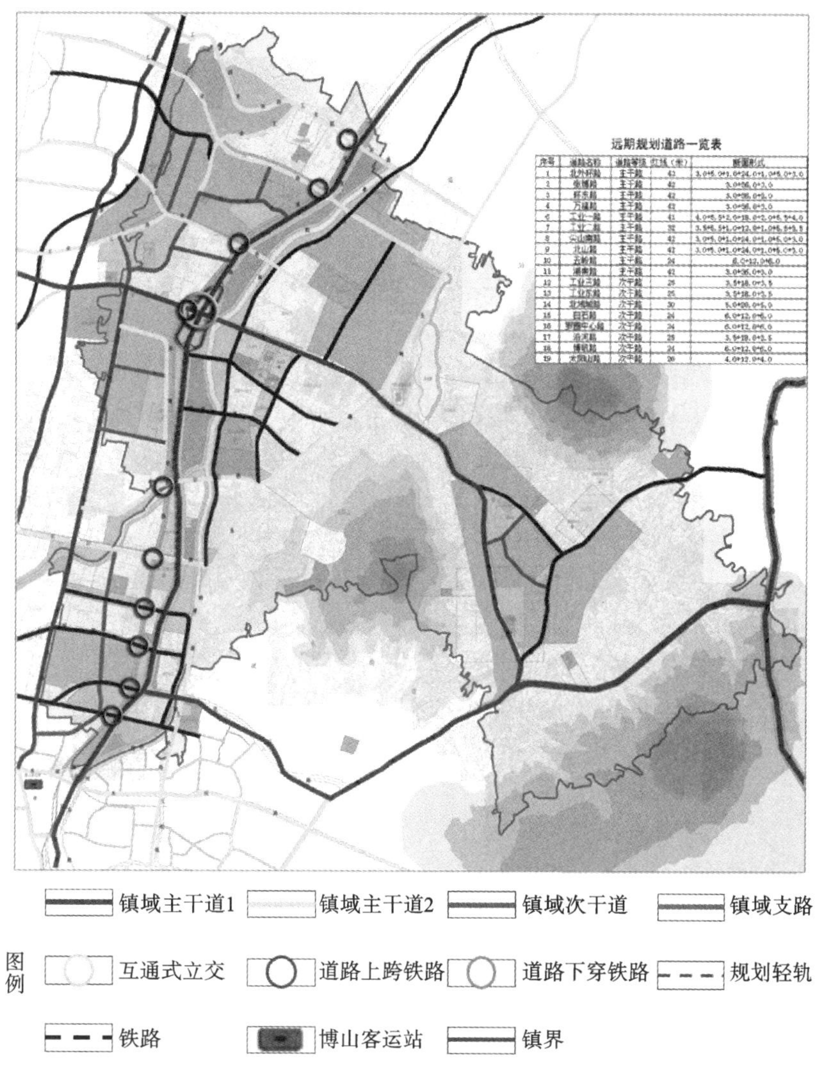

图 8.7　镇域交通体系规划

(图 8.9)项目,园区重点发展汽车复合材料部件及结构件生产项目、山东汇强车辆制造有限公司(图 8.10)专用汽车量产项目、山东安博机械科技有限公司平衡悬架项目等一批科技水平高、支撑能力强、带动范围广的高质量项目。健康医药产业园区集聚了九州通博山制药厂新药制剂项目、九州通智慧医药物流中心项目、康贝医疗器械有限公司搬迁提升项目等核心竞争力强、发展融合度高的医药项目,园区以山东博山制药有限公司为依托,不断深化与九州通集团合作,借助九州通智慧医药物流中心平台,坚持“集约化、规模化、精细化”的发展方向,着力打造集现代医药、中医药生产、物流及多功能配套服务于一体的健康医药产业。

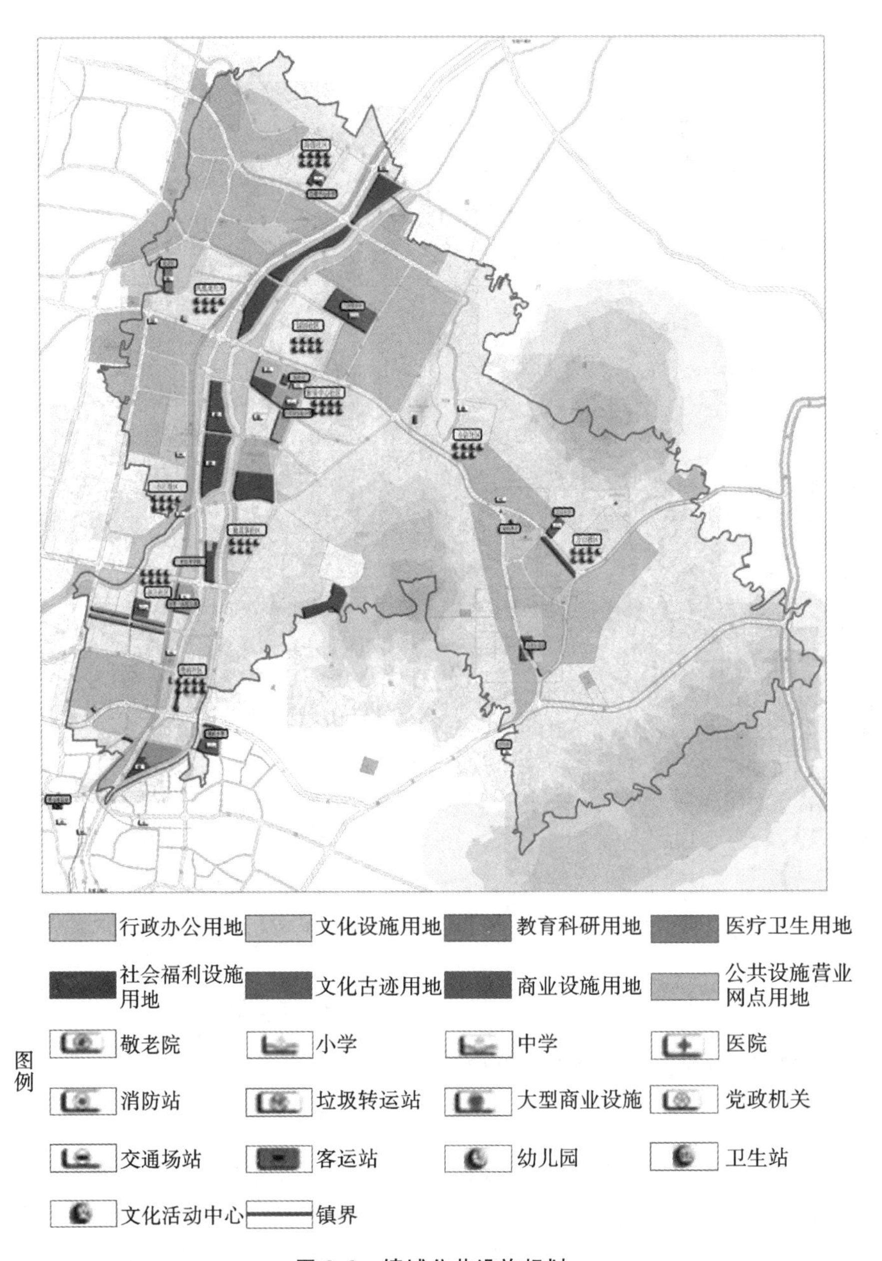

图 8.8 镇域公共设施规划

8.2.2 道路交通规划

(1) 道路网络。

规划道路与交通设施用地面积 218.19 hm^2，占城镇建设用地面积的 12.83%，人均用地面积 16.47 m^2。镇域内道路骨架结构为“五横三纵”(图 8.7)，主干路为“五

图8.9 汽车部件小微企业创新示范基地

图8.10 山东汇强车辆制造有限公司

横、三纵、两轴”，道路红线宽度为20～30 m。

五横——工业一路、工业二路、北外环路、尖山南路、北山路。

三纵——张博路、五岭路、万福路。

两轴——指张博路、北外环路纵横两条城市化发展的中心轴。

①白塔镇镇域内共有干道15条，见表8.3，其中建成区主干道13条，村庄内部主干道57条，镇域内已经全部实现村村通，镇域道路总里程达到了127.69 km，道路全部实现硬化。

②建成区主要道路硬化40余条，硬化里程达到49.32 km，总面积达到1 536 800 m^2，硬化率达到100%；建成区内安装路灯2880盏，道路亮化里程44.72 km，亮化率达到了90.67%。

表8.3 道路调查统计表

编号	道路名称	道路类型	道路宽度/m	道路长度/km
1	张博路	交通型主干道	36	7.7
2	湖南路	交通型主干道	18	1
3	北外环	交通型主干道	15	7
4	北山路	交通型主干道	24	0.55
5	西过境	交通型主干道	24	0.5
6	海万路	交通型主干道	12	6
7	白石路	生活型主干道	10	1.3
8	镇中心路	生活型主干道	10	1.5
9	九州路	生活型主干道	14	3
10	国罗路	生活型主干道	7	3
11	博矾路	交通型主干道	12	3
12	太阳山路	生活型主干道	10	3
13	创业大道	交通型主干道	18	1

续表

编号	道路名称	道 路 类 型	道路宽度/m	道路长度/km
14	沿河东路	生活型主干道	10	1.3
15	太阳山北路	生活型主干道	24	0.64

(2) 公交系统。

①公交线网。

目前共有 5 条线路经过白塔镇(图 8.11):1 路内线、1 路外线、47 路、110 路、118 路。其中 2 条线路(1 路内线、1 路外线)从淄博开往博山客运站;剩余 3 条线路为博山区内客运路线。公交线网图如图 8.12 所示。

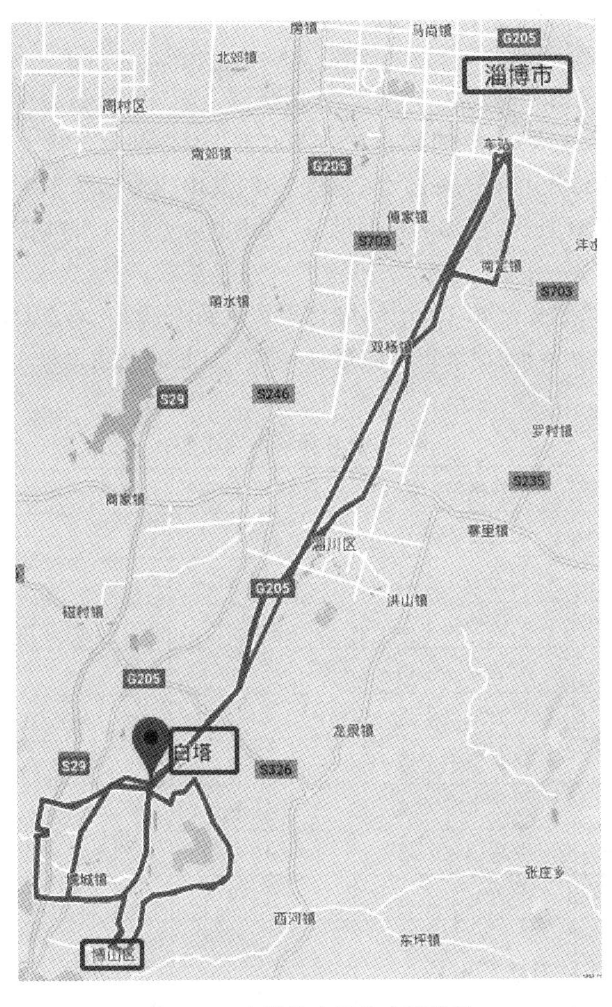

图 8.11　白塔镇主要公交路线图

②公交布局。

图 8.12　规划公交线网图

博山区在依据适应性、协调性、科学性、可持续发展性原则下，将白塔镇规划为区域北枢纽，如图 8.13 所示。

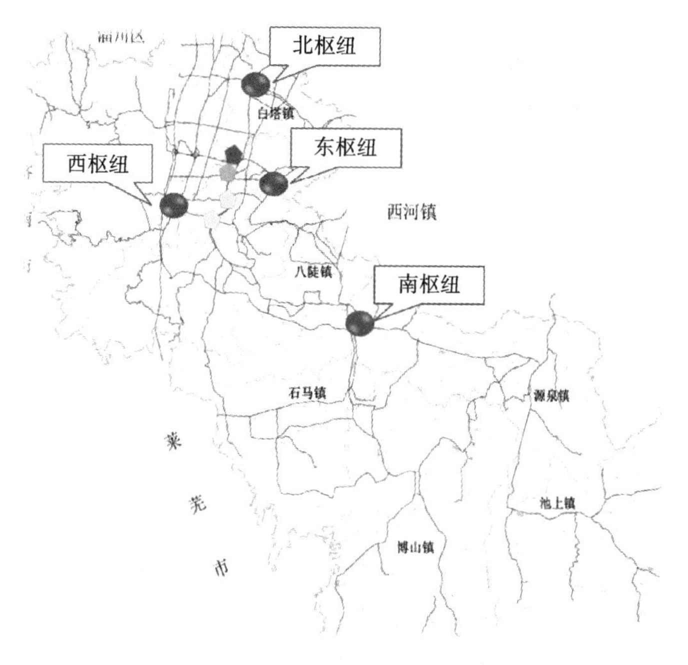

图 8.13　规划公交布局图

8.2.3 基础设施规划

(1) 给水工程规划。

白塔镇供水水厂来自东万山自来水厂，供水能力为 0.37 万吨/日，2017 年年供水量 29.17 万吨。水源地位于东万山，经净化消毒达到用水标准，管网水检验合格率 100%，镇域供水管网 46 km，供水普及率达 100%。

(2) 排水工程规划。

白塔镇现有污水处理厂两处，分别为环科污水处理厂和海清污水处理厂(图 8.14、图 8.15)。规划期内两个污水处理厂都将继续扩建，环科污水处理厂处理能力可达到 10 万立方米/日(占地 10.12 hm^2)、海清污水处理厂处理能力可达到 3 万立方米/日(占地 4.55 hm^2)，可满足规划要求，其四周按规范配置防护带。白塔镇每日产生污水 6000 m^3，每日处理污水 5100 m^3，污水处理率达 85%。

图 8.14 环科污水处理项目基地

图 8.15 海清污水处理项目基地

环科污水处理厂分两期建设，总处理规模 7.5 万立方米/日。2015 年 3 月，环科污水处理厂正式并入中国葛洲坝集团，现由中国葛洲坝集团水务运营公司负责水厂运营工作。

海清污水处理厂于 2009 年规划建设，2011 年 6 月投入运行，总处理规模 1 万立方米/日。工程为 A2/O 处理工艺，同时具备生物脱氨除磷功能，出水水质执行一级 A 排放标准。

(3) 供电工程规划。

规划保留现状博山焦庄 220 kV 变电站、白塔 110 kV 变电站、海眼 110 kV 变电站、良庄 110 kV 变电站、域城 110 kV 变电站，圣天湖以西规划一处 110 kV 国家变电站，镇域以南规划一处东坡变电站，共同为白塔镇服务。

(4) 通信工程规划。

规划在中心城区新建一个电信分局及邮政分局。根据居住社区分布设置多处弱电机房。按一定服务半径设置邮政信箱。

(5) 供热工程规划。

在白塔镇西北部(工业二路与山西路路口东北角)规划热源一处,主要服务于白塔镇及经济开发区。换热站结合居住社区布置。

(6) 燃气工程规划。

以天然气为主要气源。供气形式采取管道供气,规划管网接自城市管网,规划区内设3处调压站。白塔镇建成区户籍户数为12 263户,集中供暖均采用燃气管网(壁挂炉)集中供热。采用燃气管网集中供热的住户共8641户,集中供热率65.57%;按照供热面积计算,建成区燃气管网集中锅炉面积999 600 m^2,建成区建设面积1 199 320 m^2,集中供热率为83.35%。白塔镇建成区用气人口48 557人(其中天然气用户23 253人,液化气用户25 304人,建成区燃气普及率89.2%)。

(7) 消防规划。

工业二路以北将建设一处消防站;市总体规划于白塔境内在张博路西侧、北域城路北侧规划一处消防站;于境外在北外环北侧、白虎山路西侧规划一处消防站,共占地2.55 hm^2。

(8) 垃圾处理规划。

白塔镇目前已经实现了城乡一体化全覆盖,白塔镇2012年投资350万元在白塔镇簸箕掌社区、北万山村分别建设一座日处理生活垃圾能力达80 t的生活垃圾压缩中转站(图8.16),清理积存垃圾超过700 t,治理河道11 km。目前,全镇共有保洁员247名,垃圾运输车7辆(图8.17),垃圾桶1800余个,3吨垃圾箱14个,清扫车及洒水车各3辆。

图8.16　垃圾压缩处理现场

图8.17　封闭式垃圾运输车

(9) 其他基础设施。

①教育设施。

白塔镇共有4所学校(见表8.4),其中白塔镇中心幼儿园(图8.18)由政府投资创建,总投资1600万元,占地6241 m^2,建筑面积3541 m^2,设有大、中、小三个年龄段共14个班。学校环境优雅,内部设施先进,主要包括3层教学楼及两个活动场地,其中塑胶场地面积1400 m^2,配备有适合不同年龄儿童的运动器具,室内外8400 m^2墙壁采用人工彩绘工艺。幼儿园拥有一支高素质、有爱心、懂教育、经验丰富的教师队伍,2016年年底建成为省级示范幼儿园。

表 8.4 中学、小学、幼儿园调查表

编号	设施类型	名　　称	位　　置	教学质量	占地面积/m^2	学生数/人
1	九年一贯制	白塔镇中心学校	白塔镇郭家村	市级规范化学校	65 934	1176
2	独立小学	白塔镇实验小学	白塔镇石佛村	市级规范化学校	13 000	705
3	独立小学	白塔镇万山小学	白塔镇东万山村	区级规范化学校	6000	102
4	幼儿园	白塔镇中心幼儿园	白塔镇石佛村	省级示范园	6300	400

(a)

(b)

图 8.18 白塔镇中心幼儿园

白塔镇中心学校(图 8.19)为顺利完成义务教育的创建工作,营造良好的育人环境,分别建设了教学实验办公楼、学生食堂及中小学塑胶场地。教学实验办公楼建设面积 8917.82 m^2,地上四层,计划投资 2200 万元;学生食堂建筑面积 2100.68 m^2,地下一层(消防水池),计划投资 620 万。中小学塑胶场地总面积 32 788.3 m^2,计划投资 866 万元:其中中学运动场地 23 499.9 m^2,400 m 标准跑道,计划投资 610 万元;实验小学运动场地 5815.7 m^2,200 m 跑道,计划投资 160 万元;万山小学运动场地 3522.7 m^2,150 m 跑道,计划投资 96 万元。中学教学实验办公楼内配 670 万元,以上工程投资合计约 4356 万元。

②医疗卫生设施。

白塔镇设有 2 所医院(见表 8.5),其中博山区白塔镇卫生院(图 8.20)新建病房楼项目规划设计为六层,其中地下一层,地上五层,分两期施工建设,一期工程为地下一层至地上三层,二期工程为地上四层至五层。一期工程于 2016 年 4 月 7 日开工建设。于 2016 年 10 月 29 日全面完工,建筑面积 2340 m^2,累计投资额 380 万元。目前新建病房楼已经投入使用,新增精神科住院床位 60 张,精神科总床位达到 120 张,在很大程度上缓解了精神障碍患者住院康复治疗床位不足的矛盾。预防接种门诊由原来的三楼迁至新楼一楼,既扩大了预防接种门诊面积,改善了接种环境,又方便了家长和接种儿童,使群众的就医环境得到改善。

图 8.19　白塔镇中心学校

表 8.5　医疗卫生设施基本情况调查表

编号	名　　称	位　　置	服务特点	医疗水平	医护人员数/人	占地面积/m^2	床位数/个
1	博山区白塔镇卫生院	博山区颜北路 316 号	乡镇医院	好	87	5972.7	150
2	德润医院	北环路北环桥东侧	民营医院	好	54	5000	80

图 8.20　博山区白塔镇卫生院

8.3　环境与景观规划设计

8.3.1　规划条件

（1）背景与区位。

青龙社区位于南京市江宁区淳化街道东北边陲，东以汤铜路为界，西与青山社区相邻，南靠索墅镇，北枕青龙山，社区以山而得名(图 8.21)。

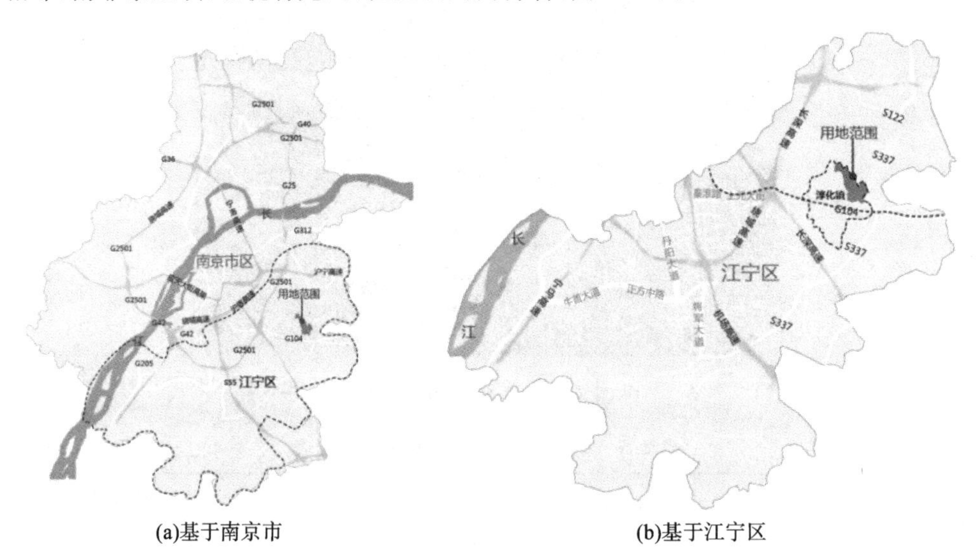

(a)基于南京市　　(b)基于江宁区

图 8.21　项目区位分析图

(2) 区域现状分析。

项目内部路网纵横交错，但乡道交通人车混行，部分内部交通损毁严重，社区内部交通统计见表 8.6。

表 8.6　青龙社区内部交通一览表

序号	道路名称	起点	终点	路面类型	长度/km	路面宽/m	日均交通量/(辆/日)
1	青龙主干道	G104 国道	邓家庄	水泥	5	6	1500
2	青龙主干道	西龙	茶场	水泥	4	4	500
3	青龙支干道	小学	岗家村	水泥	2	3	100
4	青龙支干道	东龙	大城公墓	水泥	3	5	300
5	青龙支干道	京里	山头村	水泥	1	4	50
6	青龙支干道	东龙	卫村	水泥	0.6	3	40
7	青龙支干道	杜村	代塘	水泥	1.3	4	100

立足于整个项目宏观分析，项目位于江宁区东北部，紧邻 G104 国道和汤铜公路，对外交通便捷，区位条件优越(图 8.22)。

青龙社区水资源丰富，周边分布水库数量众多，境内河塘较多，主要有团结河、东索墅河，随地势呈南北流向，水域面积 100 hm^2(图 8.23)。总面积为 10.08 km^2，耕地 4427 亩，辖 14 个自然村，整体现状用地汇总见表 8.7。

表 8.7　青龙社区现状用地汇总表

序号	用地分类	面积/hm²	比例/%
1	农村建设用地	200.63	100
其中	农村居民点用地	150.63	75.08
	工矿企业用地	10	5.0
	道路交通用地	40	19.92
2	耕地	310.37	—
3	林地	223.37	—
4	水域	100	—
5	其他用地	173.63	—
6	总用地	1008	—

图 8.22　区域交通现状分布图

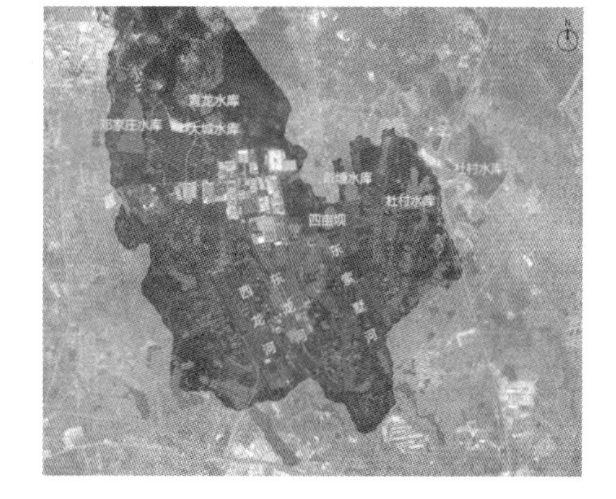

图 8.23　区域水系现状分布图

社区内现有各类专业户近百家，使青龙社区成为拥有千亩茶园、千亩水产养殖、千亩特色种植和百亩葡萄园的科技示范社区，昔日不为人知的贫困、落后的小山村成为南京市江宁区社会主义新农村建设示范社区，整体现状资源见图 8.24。

8.3.2　景观提升策略

社区典型空间包括入口空间、中心服务空间、村落巷弄空间、滨水空间、龙王庙、儿童乐园（图 8.25）。与之呼应，社区主要整治及改造界面也包括入口节点、迎宾大道、青杜路索青路、中心区、龙王庙、田园小道、村落、现状空地、青杜路青岗路、青龙东路、杜村水库等（图 8.26）。

图 8.24　区域资源现状分布图

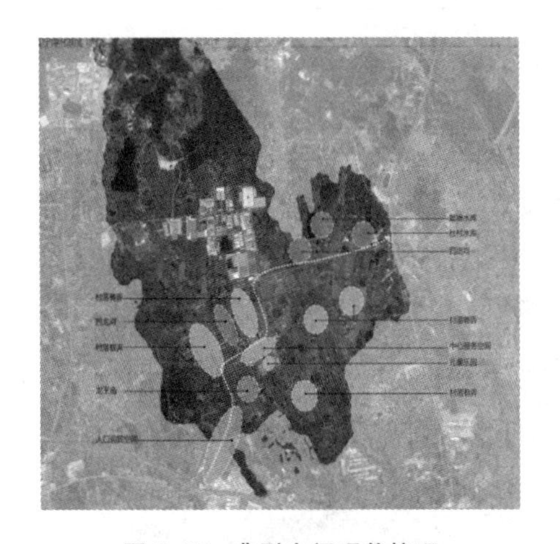

图 8.25　典型空间现状梳理

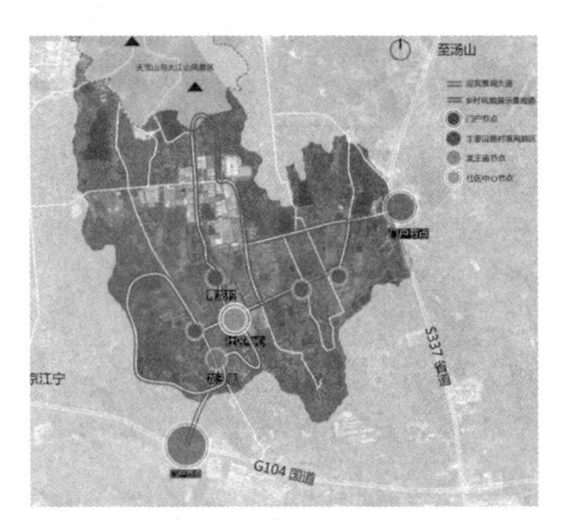

图 8.26　主要整治及改造界面

8.3.3　重要区域设计

重要区域设计包括入口节点设计、中心活动广场设计、龙王庙设计、滨水界面及节点设计和田园风光界面设计。

(1) 入口节点设计。

入口门户及指示牌形式尚可予以保留。入口两侧的植物重新进行设计，形成不同的植物空间层次，强化入口门户的迎宾效果，具体如图 8.27 所示。

迎宾大道两侧现有植物效果欠缺，需要进行适当增植，包括具有乡村特色的景观小品、雕塑等，以及利用两侧农田营造田园风情，具体意向见图 8.28。

(2) 中心活动广场设计。

地面铺装行驶过于人工化，建议改造，营造古朴气氛。小型露天表演舞台可进行改造利用，开展乡村民俗表演活动。中心雕塑人工化痕迹明显，可由专业厂家重新进行设计，具体如图 8.29 所示。

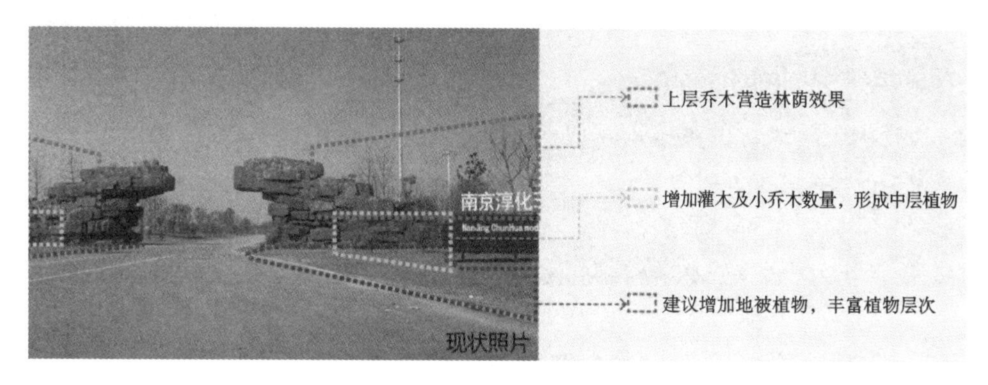

图8.27 入口节点改造意向

图8.28 迎宾大道改造意向

图8.29 中心广场改造意向

(3) 龙王庙设计。

对龙王庙整体建筑进行改造，包括对墙面、屋顶等元素加以优化扩建，增加停车场等配套设施，建筑风格可延续藏龙寺建筑，凸显青龙传统特色及历史人文风貌。对寺内百年银杏加设围栏保护，并整理拓宽龙王庙周边场地，保证满足民俗活动需求，具体如图8.30所示。

(4) 滨水界面及节点设计。

青龙现有滨水空间类型较多，建议根据不同行驶情况进行具体改造，部分区域可增加与滨水相关的活动，如生态垂钓、木舟游览等，具体如图8.31所示。

(a)龙王庙现状

(b)改造意向

图 8.30 龙王庙改造意向

(a)滨水空间现状

(b)生态垂钓

(c)木舟游览

图 8.31 滨水空间改造意向

(5) 田园风光界面设计。

以四季相应的农作物作为自然的乡土景观,部分具有观赏性的作物可适量扩大种植面积(如油菜花等),建议最大化利用现有农田面积,尽可能减少土壤外露,具体如图 8.32 所示。

图 8.32 田园风貌改造意向

8.4　综合防灾减灾规划设计

8.4.1　规划条件

(1) 规划范围。

规划范围与城市总体规划一致，面积约 500 km²。研究范围为淮南市行政辖区，总面积 2585.13 km²(图 8.33)。

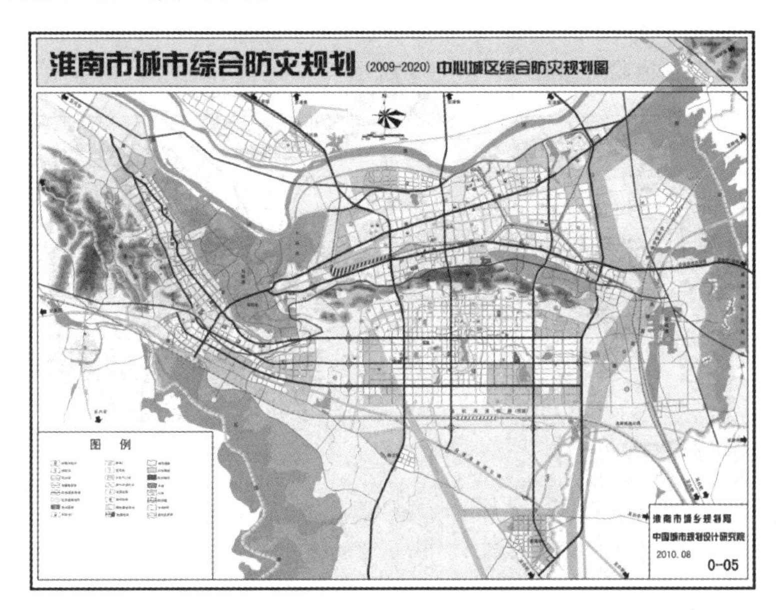

图 8.33　中心城区综合防灾规划图

(2) 规划期限。

近期：2009—2015 年。

远期：2015—2020 年。

(3) 规划目标。

为进一步增强城市预防和抗御灾害的综合能力，减少和防止灾害的发生，建立淮南市城市综合防灾安全体系，确保城市安全发展目标和措施与城市建设同步进行，创造最安全的人居环境，依据《中华人民共和国城乡规划法》的规定，特编制《淮南市城市综合防灾规划》。具体目标如下。

①城市具有完善的城市防灾法规体系和灾害防御体系。

②城市工程设施抗灾设防、城市防灾规划和城市应急救灾体系的常态化建设与管理顺利进行。

③城市重大工程及生命线基础设施抗灾能力全部符合国家相关规范标准要求，生命线系统的安全防灾保障能力基本满足防御大灾的要求，基本建成防御巨灾的安

全体制。

④城市具有完善的城市灾害预警和应急机制，紧急处置体系基本完善，重要设施设置紧急自动处置系统。

⑤城市防灾设施满足防御大灾的要求，具有合理有效的避难疏散设施；保障信息收集、处理、发布和反应渠道畅通。

⑥市民具有良好的防灾减灾和公共安全意识。

8.4.2 灾害风险评估

(1) 火灾风险评价。

城区火灾现状风险等级图如图 8.34 所示。

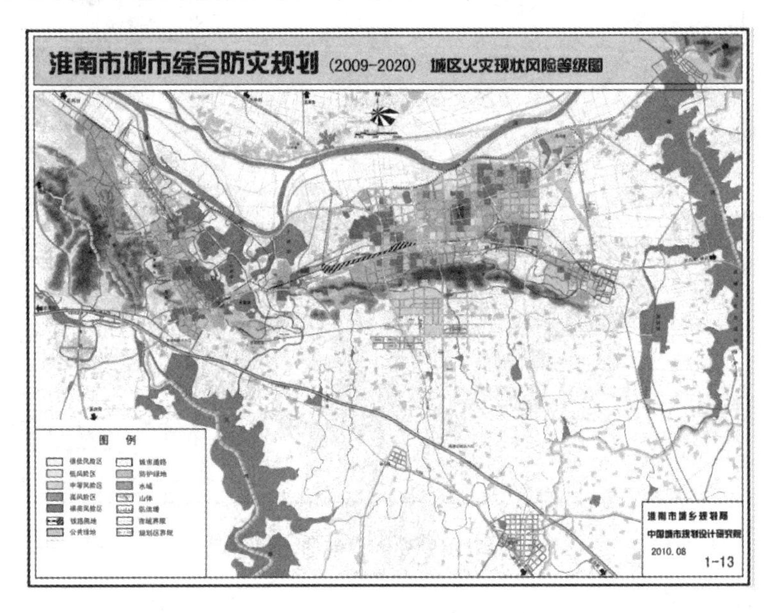

图 8.34 城区火灾现状风险等级图

①评价方法。

根据美国消防协会 NFPA 在 NFPA1144 和 NFPA299 中制定的野火危险等级表，并结合淮南市的实际情况制定火灾风险评价标准，对淮南市的火灾危险进行等级区划。

②火灾风险水平。

建筑和人口密度大、危险源附近、离消防站和水源远的地方的火灾风险较大。

对于布局不合理的旧城区，对严重影响城市消防安全的工厂、仓库，应纳入近期改造规划，有计划、有步骤地采取限期迁移或改变生产使用性质等措施，消除不安全因素。

通过加大对易发生火灾的城市重大危险源的监管，降低火灾发生的概率及其造成的危害。

（2）地震风险评价。

城区地震规划风险分级图如图 8.35 所示。

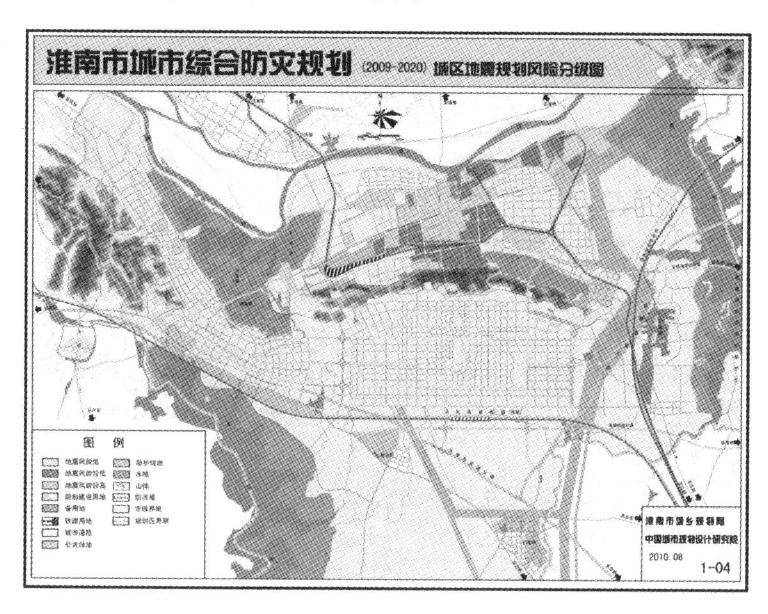

图 8.35 城区地震规划风险分级图

①评价方法。

以改进的 Cardona 模型方法为基础，使用一种整体分析的方法并以指数的形式来描述地震风险。

②地震风险风险等级划分标准（表 8.8）。

表 8.8 地震风险风险等级划分标准

地震风险	风险等级
0.00～0.14	低
0.15～0.29	偏低
0.30～0.44	偏高
0.45～0.69	高
0.7～1.2	非常高

③地震灾害风险水平。

淮南市大部分地区的地震风险都处在合理接受水平的范围内。但也存在部分区域地震风险为高或非常高的等级。这几个区域的建筑物是在 90 年代修建的，普遍存在抗震设防不足的问题。同时由于正处于市中心，人员密集，各种地下管道较多，地震风险非常高。

8.4.3 用地安全布局

(1) 安全用地选择。

对西部城区的开发建设要求进行地质条件评价，适当提高建筑的抗震能力。禁止在地质灾害易发区进行城市建设。行洪区、20 年一遇的洪水淹没线以内禁止建设任何项目。

(2) 避让地质灾害易发区。

禁止在八公山国家地质公园等地区的人工采石活动，对采空塌陷、岩溶塌陷、崩塌等地质灾害地区进行综合治理，修复地质生态环境。

(3) 避让行滞洪区、洪水淹没区。

石姚段、洛河洼退建后为防洪保护区。高塘湖洪水影响范围内建设的基础设施，地面高程按 50 年一遇考虑。

(4) 安全建设控制。

控制城市人口密度，降低开发建设强度；居住区人口密度应不超过 4 万人/km^2，建筑密度不高于 25%。

8.4.4 防灾专项规划

(1) 消防规划。

①消防目标。

根据淮南市消防规划及安全社区建设要求，形成城市消防目标如下。

近期按照《消防改革与发展纲要》的要求，建成消防法规健全、监督制度严格、城市消防基础设施配套完善、消防队伍装备先进、企事业单位防火组织健全、市民有较高的消防安全意识和防灾减灾能力的城市消防安全保障体系。远期建成现代化、多功能、快速反应的城市消防和综合防灾、抗灾体系，全面提升城市消防水平。

②城市消防管理及消防设施规划。

《淮南市城市综合防灾规划 2009—2020》确定在中心城区布置 27 个消防站，其中 3 个特勤站，22 个标准站，2 个专业站。规划设市消防指挥中心 1 个和区消防指挥中心 2 个。消防指挥中心和特勤消防站合并设置，用地 1.2 hm^2，配置专用消防通信设备，统一接受中心城区火灾报警并指挥城镇消防行动。

③消防给水。

消防供水与城市给水系统合用，消防水源以城市自来水为主，以天然水源为辅。

④消防通信。

灾害报警实行统一受理，全市灾害报警电话均接入消防指挥中心。

⑤建筑防火。

中心城区防火主要通过提高建筑耐火等级、合理控制建筑防火间距来实现，要求基本做到建筑难燃化。

⑥消防通道。

中心城区道路均作为实施消防和救援行动的道路，主次干道用于消防车快速出动需求，行驶速度要求达到 40 km/h 以上；支路用于消防人员和设备接近火场，行驶速度要求达到 30 km/h 以上。

(2) 抗震防灾规划。

①地震设防基本烈度。

淮南市辖区在《中国地震动参数区划图》(GB 18306—2015)中位于地震动峰值加速度为 0.1 区，地震基本烈度为 7 度。新建建筑必须按《建筑抗震设计规范》(GB 50011—2010)设防。对重大建设工程和可能发生严重次生灾害的建设工程，必须进行地震安全性评价，并根据地震安全性评价的结果，确定抗震设防要求，进行抗震设防。

②地震灾害的防御目标。

当遭遇低于本地区抗震设防烈度的多遇地震影响时，城市功能正常，历史风貌建筑保持完好，建设工程一般不发生破坏，市民的生产和生活基本不受影响。

当遭遇相当于本地区抗震设防烈度的地震影响时，城市生命线系统和重要设施基本正常，一般建设工程可能发生破坏，但基本不影响城市整体功能，建筑工程边坡和高挡墙不发生严重的失稳破坏，重要工矿企业能很快恢复生产或运营。

当遭遇高于本地区抗震设防烈度的预估的罕遇地震影响时，抗震设防的建筑工程基本不发生危及生命安全的破坏，要害系统和生命线工程不遭受严重破坏，不发生严重的次生灾害，城市功能不瘫痪，避震疏散场所基本安全。

③抗震防灾措施。

a. 提高建(构)筑物的抗震能力。旧城改造和新区建设应严格按照城市总体规划及抗震防灾规划的要求，合理控制人口密度、建筑密度和容积率，新建工程项目应严格执行《建筑抗震设计规范》(GB 50011—2010)中的技术规定。

b. 加强城市疏散道路和避震场地建设。规划中心城区的主、次干道为疏散通道；空地、绿地(公园、小游园)、广场、停车场和学校操场等开敞空间为避震场地；市政府大院、矿务局大院为抗震救护指挥中心。

c. 加强生命线工程抗震建设。交通、通信、供电、供水、煤气、粮食、医疗卫生、消防等系统为生命线工程，应按《建筑抗震设计规范》(GB 50011—2010)的规定，抗震设防烈度提高一度进行设防。同时应制定应急措施预案，提高城市抗震防灾能力。

d. 防止震后次生灾害的发生。统筹安排城市生命线工程与消防、防洪、人防等防灾工程的建设，努力减轻次生灾害的危害。

8.4.5　应急设施规划

(1) 应急道路系统。

①通道功能。

疏散救援通道主要用于灾时救援力量和救灾物资的输送，受伤和避难人员的转移疏散，需要保证灾后通行能力，按照灾后疏散救援通行需求分析，疏散救援通道分为骨干疏散救援通道和一般疏散通道两级。

骨干疏散救援通道用于连接中心城区对外出入口、政府、应急指挥中心、救灾管理中心、消防站和医疗救护站，一般疏散救援通道用于连接避难场所、救援物资调配站等场所。

②应急通道建设要求。

城市应急通道应保证有效宽度不小于 15 m。

为了保障城市应急通道抗灾能力，需提高应急通道上的桥梁、高架路的强度。城市应急通道上新建的桥梁，抗震设防烈度应达到Ⅷ度；原有的桥梁，通过加固改造，抗震能力普遍得到增强。

③应急通道安全。

应急通道应避开易发生燃爆和有毒物扩散的重大危险源和次生灾害源，应急通道两侧的建筑倒塌后不致破坏通道，倒塌的废墟不致严重影响清理疏通。对确定的应急通道要进行次生灾害影响评价，并提出相应通行保障对策。

④应急通道的交通管理与控制。

为保证交通设施受损的通行能力，应建立应急交通协调保障机制，包括制定应急交通预案、建立应急交通快速响应系统、制定灾时交通管理条例等。

应急交通协调保障依靠建立的预警机制和监控体系。

灾时对应急通道必须实施交通管制，配备足够的交通疏导力量，合理对车辆进行分流；沿路设置汽油和生活品供应点，避免大量车辆上路造成堵塞。

⑤应急通道的选择。

避难疏散通道规划布局图如图 8.36 所示。

图 8.36 避难疏散通道规划布局图

根据淮南市布局形态规划主要出入口，骨干疏散通道依托城市出入口，使一般疏散通道与骨干疏散通道相交成网，保护功能组团中心，均衡路网负荷。

（2）避难疏散场所。

避难场所规划布局图如图 8.37 所示。

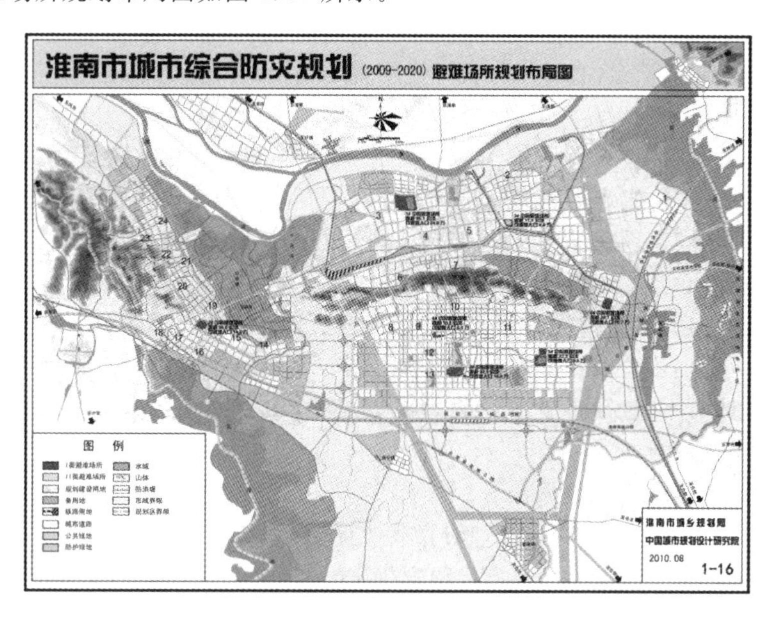

图 8.37　避难场所规划布局图

①规划原则。

避难场所规划应坚持平灾结合、综合避灾、就近避难和环境安全 4 项规划原则。

②避难场所的分类和功能。

避难场所分为Ⅰ类避难场所、Ⅱ类避难场所和Ⅲ类避难场所。避难场所用于发生灾害时临时供避难者生活，避难场所可由公园、绿地、体育场馆和广场改造而成，平时正常使用，灾时及时转换成避难场所；学校建筑经过强化改造后，具备避难设施条件，可以作为临时避难场所（表 8.9）。

表 8.9　淮南市避难场所的分类和功能

名　称	灾时功能	平时功能	面　积
Ⅰ类避难场所	灾后集中安置需要长期避难的人员	城市公园、体育场馆、大型广场	不小于 10 hm^2
Ⅱ类避难场所	灾后短时安置避难人员	街头公园、公共绿地、广场、小型体育场馆、中小学	不小于 1 hm^2
Ⅲ类避难场所	灾后就近紧急避难	小公园、小花园、小广场、停车场	不小于 0.1 hm^2

③避难场所的技术要求。

Ⅰ类和Ⅱ类避难场所的建筑要求坚固耐震耐冲击，能够防火和其他次生灾害，可以提供食物和清洁水源，具备遮风挡雨的基本生活保障条件，具备基本的医疗卫生救治条件、通信手段与必要的交通条件。避难场所应具有宽阔的开敞空间与绿地，避难场所的地面不宜全部硬化，保持低矮的草本植物。Ⅰ类避难场所根据需要和条件可考虑设直升机起降平台，直升机停机坪设在避难场所内坚固的场地。

避难场所需要配置避灾救援的设施，以完善避灾救援的功能。Ⅲ类避难场所需要安装照明设备，提供饮用水和食物；Ⅱ类避难场所应提供简易帐篷、饮用水、食物、照明以及厕所；Ⅰ类避难场所需安排避难市民的栖身场所，提供生活必需品，设置消防设施、通信与广播设施、应急供电设施、医疗救护与卫生防疫设施、厕所、停车场、救援部队营地等，必要时还要设置直升机坪。

避难场所内的道路布置要考虑避灾人流密度，要保证有两条以上的应急疏散通道，通道有效宽度不宜小于 8 m。避难场所内应当有多个进出口。Ⅰ类避难场所应进行安全评估，评估包括 3 个方面：环境的安全性、次生灾害的危险性和避难场所建筑强度。

④避难场所规划设置标准。

Ⅰ类避难场所按实际所需避难的人数计算规模，规划以地震灾害的最大避难需求为目标，灾后留城人员为城市人口的 50%，人均有效避难面积按 2.1 m² 考虑。

Ⅱ类避难场所按扣除Ⅰ类避难场所可容纳的人口后的中心城区人口避难需要计算，人均有效避难面积按 1.6 m² 考虑。

Ⅲ类避难场所按中心城区全部人口避难需要计算，人均有效避难面积按 1.0 m² 考虑。

⑤避难场所规划布局。

规划建设 7 处Ⅰ类避难场所(山南新区 3 处、东部城区 2 处、西部城区 1 处)，总面积约 228.3 hm²，有效面积 182.7 hm²(表 8.10)。

表 8.10　淮南市规划Ⅰ类避难场所一览表

编号	用地代码	用地性质	面积/hm²	有效面积/hm²	可容纳避难人数/万人
1	G1	公共绿地	85.1	68.1	32.4
2	G1	公共绿地	35.8	28.6	13.6
3	C4	体育场馆	37.1	29.7	14.1
4	G1	公共绿地	10.2	8.2	3.9
5	C4 + G1	体育场馆+公共绿地	22.3	17.8	8.5
6	G1	公共绿地	26.7	21.4	10.2
7	G2	公共绿地	11.1	8.9	4.2
小计			228.3	182.7	86.9

Ⅱ类避难场所选择市级和区级的公园、体育场馆、中小学等公共设施进行防灾改造。规划选择Ⅱ类避难场所 24 处，总面积约 191 hm^2，有效面积约 138 hm^2。Ⅲ类避难场所用于避难人员的临时就近避难，一般利用小公园、小花园、小广场等小面积的开敞空间。

8.5 文化保护传承规划设计

8.5.1 规划条件

(1) 区位。

安仁镇处于青藏高原和四川盆地的交界处，是自然环境和人文环境冲突激烈的地区，是多民族文化融汇碰撞的重要节点，更是茶马古道上的历史文化名镇之一。

(2) 自然资源。

安仁镇地势平坦，平均海拔 499.8 m，气候温暖湿润，四季分明，夏无酷暑，冬无严寒。安仁镇林盘资源丰富，林盘密度为 28.23 个/km^2。水网丰富，斜江河是镇域内最宽的河流，为岷江二级支流。桤木河为斜江河支流，在安仁镇镇区西南汇入斜江河。

(3) 历史文化资源。

安仁镇具备六大类核心资源：庄园、林盘，公馆群落，传统老街，博物馆群落，田园、水系，人文活动、人文事件。安仁镇具有国家和世界组织授予的各项称号：中国历史文化名镇；四川六朵金花之一（世界旅游组织授予）；国家 4A 级旅游区；全国青少年爱国主义教育基地（共青团中央授予）；国家文化产业示范基地。

(4) 社会经济概况。

行政辖区及人口：安仁镇现辖 12 个社区，16 个行政村；2009 年总人口约 59 100 人，其中非农业人口约 26 500 人，城市化率约 44.8%。

8.5.2 文化资源与规划的融合

(1) 规划定位。

安仁是四川省重要旅游城镇，川西公馆、庄园和聚落文化展示之地，世界级中国博物馆小镇，国家级历史文化名镇，成都市世界现代田园城市样板。

(2) 规划目标。

以博物馆业为主导、文化产业综合发展的文博旅游区；环境宜人、空间精巧、特色鲜明的特色魅力古镇；城乡统筹、设施共享、区域协调的生态田园小镇。

(3) 产业发展规划。

以“西部第一、全国一流”为发展目标，围绕旅游产业、以文化创意产业开发为导向，开发休闲度假旅游产品为配套服务，形成具有国内外影响力的旅游精品（图 8.38）。

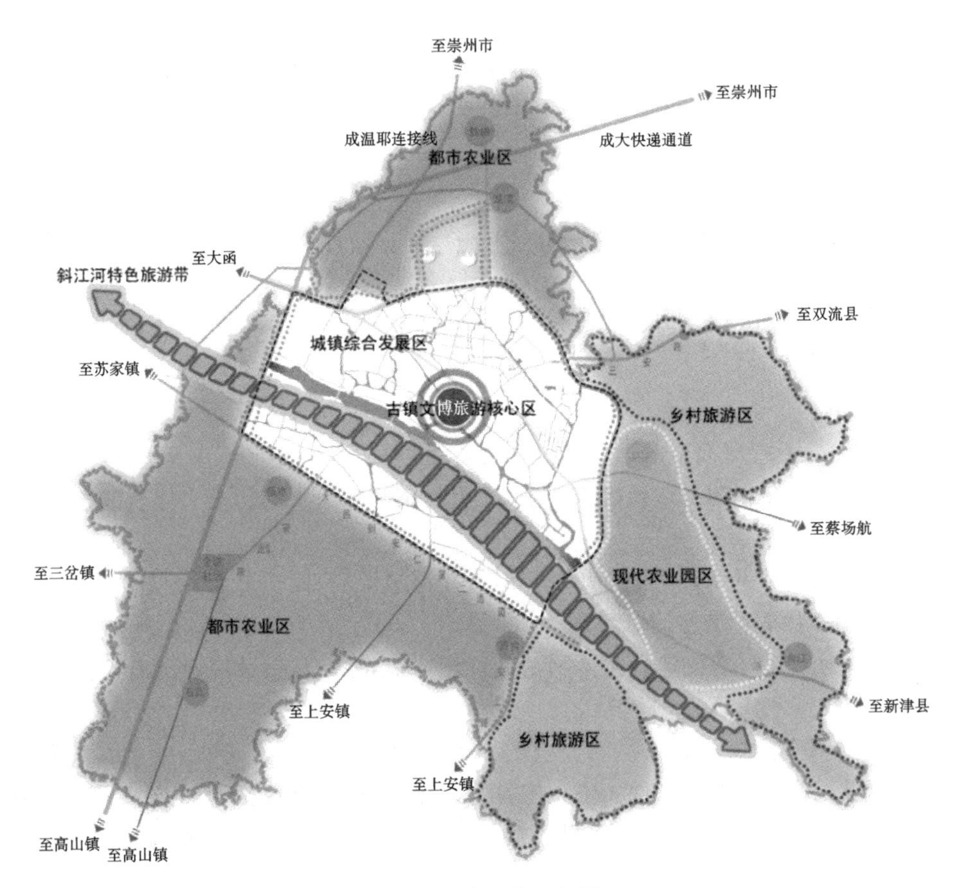

图 8.38　产业发展规划

形成“一核一带多区”的安仁镇城乡产业布局。“一核”:安仁镇古镇文博旅游核心区;“一带”:斜江河特色旅游带;“多区”:根据资源特色因地制宜发展现代农业。该镇形成现代农业园区(花卉、畜牧、菌类为主)、都市农业区(无公害蔬菜)、乡村旅游区等。

(4) 镇域空间管制规划。

镇域用地划分为禁止建设区、限制建设区、适宜建设区。禁止建设区涉及资源保护区、风险避让区。限制建设区是地质环境不适宜区、历史文化名镇建设控制地带等。适宜建设区是镇区、社区发展用地及重大基础设施用地。见表 8.11。

表 8.11　空间管制表

类　　别	面积/km^2	占总面积百分比/%
禁止建设区	9.66	16.9
限制建设区	35.86	62.6

续表

类　　别	面积/km²	占总面积百分比/%
适宜建设区	11.77	20.5
合计	57.29	100

空间管制要求如下。

禁止建设区——实行最严格的管理控制。

限制建设区——各类建设活动必须进行严格审批,控制各项建设活动。

适宜建设区——在符合总体规划和相关要求的前提下进行建设开发。

镇域空间管制规划如图 8.39 所示。

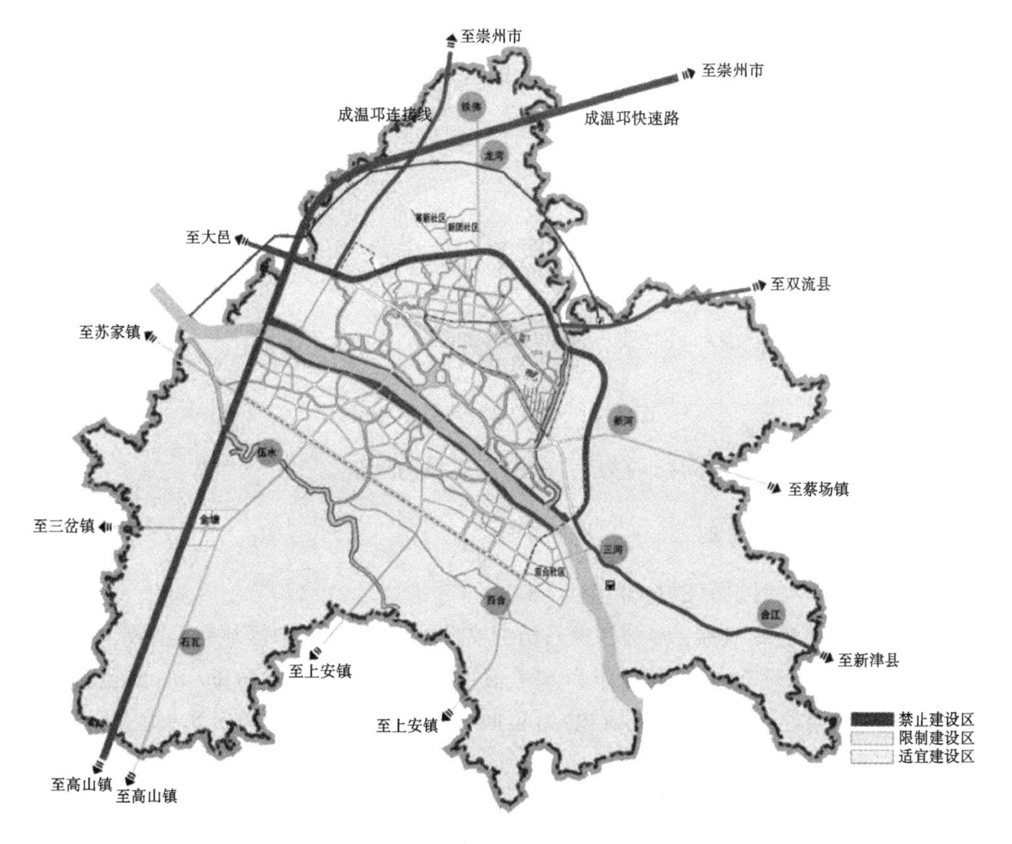

图 8.39　镇域空间管制规划图

(5) 镇区规划。

安仁镇城镇发展方向为:向南发展为主,控制向东发展,严控向北向西发展;跨斜江河后向南发展,同时兼顾向东发展。镇区景观风貌规划图如图 8.40 所示,镇区绿地系统规划图如图 8.41 所示。

镇区规划的出发点是城市生态化、城市特色化、城市人性化。规划的实现以自然

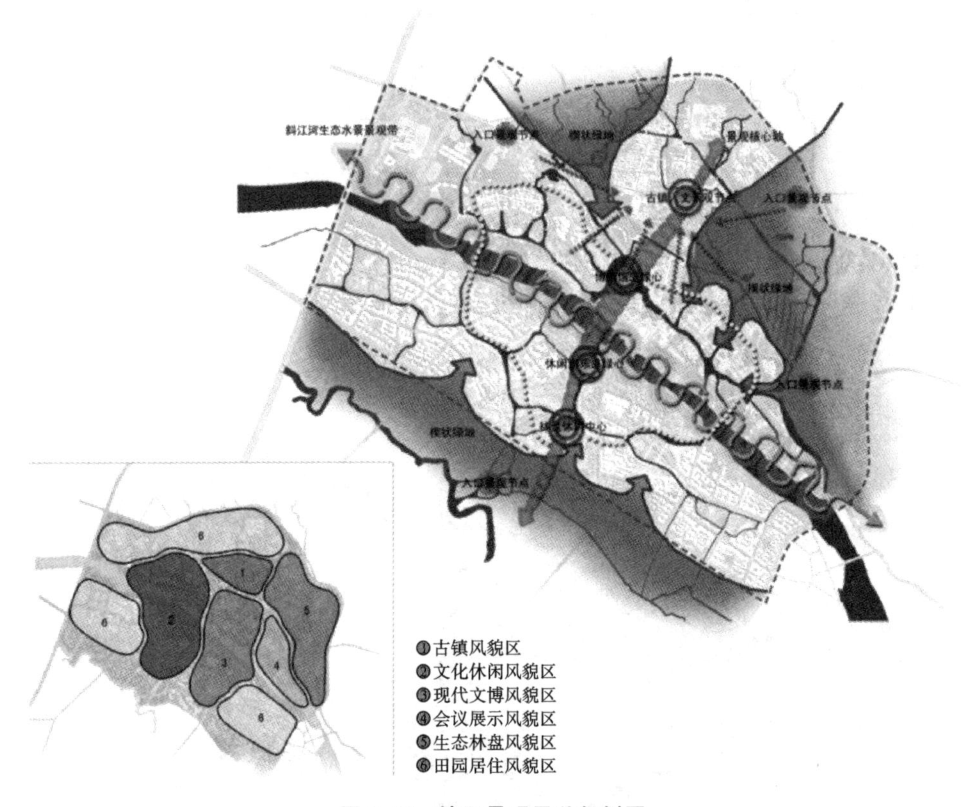

图 8.40　镇区景观风貌规划图

要素、乡土文化景观的空间格局为底，以人工建设为图。

8.5.3　保护传承规划

（1）保护范围划定原则与范围。

以安仁古镇演变发展源头为中心；历史文化元素相对集中区域；以主要道路与自然河道为边界；以现行保护范围作为参考依据。东至桤木河以东 60 m，西至黄堰沟以西 20 m，南至迎宾路，北至古镇边缘，总面积约为 160.87 hm^2（图 8.42）。

（2）分级保护范围。

分级保护范围见表 8.12。

表 8.12　分级保护范围

名　　称	范　　围	面　　积	划定原则
古镇保护	东至桤木河以东 60 m，西至黄堰沟以西 20 m，南至迎宾路，北至古镇边缘	约 160.87 hm^2	能完整体现古镇历史风貌、传统格局及与其相互依存的自然景观环境的区域

续表

名　　称	范　　围	面　　积	划定原则
核心区保护	古镇中心区、刘氏庄园及安惠里沿线区域	约 28.35 hm^2	历史文化要素集中且以历史风貌为主的区域
建设控制地带	古镇保护范围内，核心保护区以外的区域	约 132.52 hm^2	核心保护范围外围区域

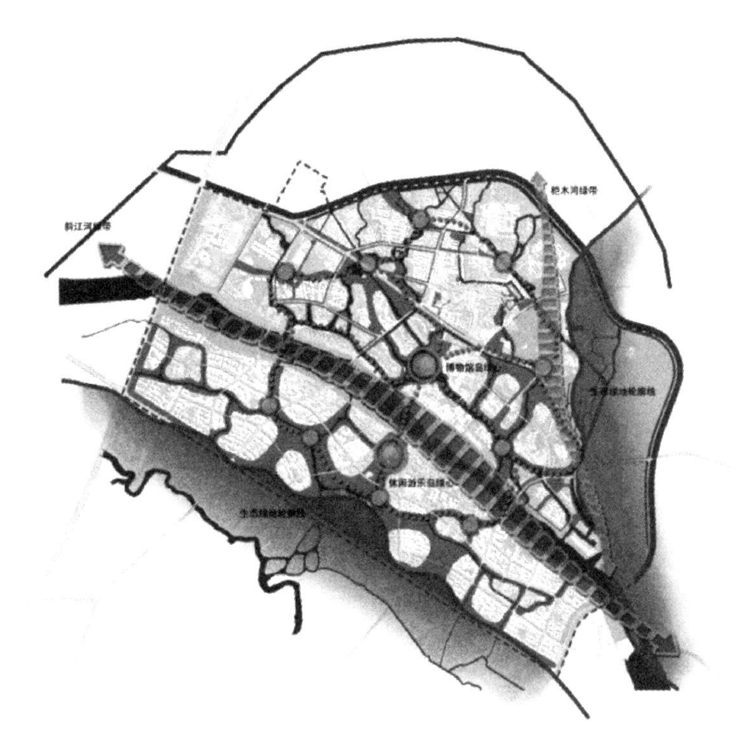

图 8.41　镇区绿地系统规划图

(3) 分级保护要求。

①古镇保护要求。

整体保护：保持传统格局、历史风貌和空间尺度，不得改变与其相互依存的自然景观和环境。

建设控制：建设活动应当符合保护规划的要求，不得损害历史文化遗产的真实性和完整性。

建筑保护：遵循历史文化名城名镇名村保护条例、文物保护法律、法规等的规定。

人口控制：控制古镇人口数量，改善古镇基础设施、公共服务设施和居住环境。

禁止活动：开山、采石、开矿等活动；占用保护规划确定保留的园林绿地、河湖水系、道路等；修建污染性工厂、仓库等；在历史建筑上刻画、涂污。

需经批准活动：改变园林绿地、河湖水系等自然状态的活动；在核心保护范围内

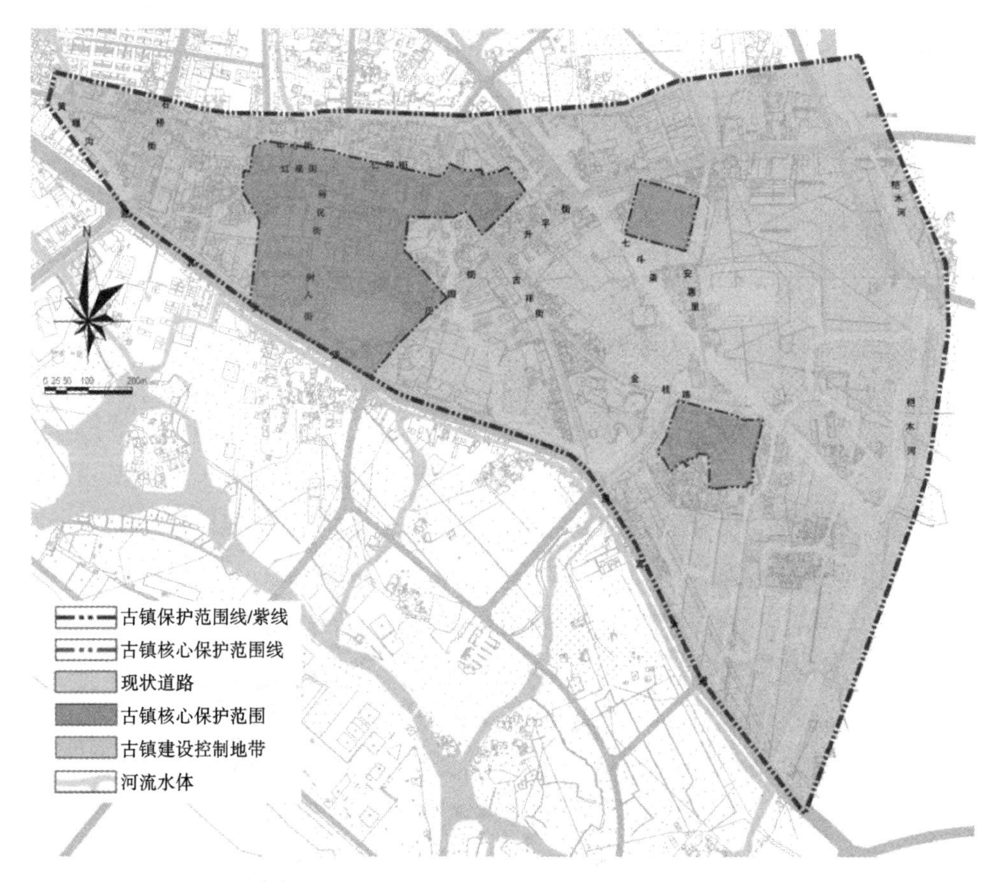

图 8.42 镇区分级保护图

进行影视摄制、举办大型群众性活动；其他影响传统格局、历史风貌或者历史建筑的活动；对历史建筑进行外部修缮装饰、添加设施以及改变历史建筑的结构或者使用性质的活动。

工程选址：应当尽可能避开历史建筑；因特殊情况无法避开的，应当尽可能实施原址保护。因公共利益需要进行的建设活动，对历史建筑无法实施原址保护、必须迁移异地保护或者拆除的，应当报批获得批准后方可建设。

②核心区保护要求。

建设控制：除必要的基础设施和公共服务设施外，不得进行新建、扩建活动。

格局保持：保持街区原有的街巷网络和空间格局；对河道进行整治时，保持或恢复沿岸的历史景观特征和历史景观要素。

传统特色：风貌保护街巷的地面铺装、街道小品应有地方传统特色。原有电线杆、电线等有碍观瞻之物应逐步转入地下或移位；街巷两侧建筑功能应以传统民居和传统商业建筑为主。

风貌协调：应当与周边历史风貌相协调，同时地上建筑面积总量不得超过现有地上部分建筑面积总量。

分类保护：对核心保护范围内的建筑物、构筑物实行分类保护。对有代表性的历史建筑与标志性构筑物应从严保护，有条件的可逐步申报文物保护单位。

完整地段保护：传统民居相对完整地段应成片加以维修恢复，保持原有空间形式及建筑格局。

标识：主要出入口设置标语牌。

消防：古镇核心保护范围内的消防设施、消防通道，应当按照有关的消防技术标准和规范设置。

③建设控制地带。

建设控制：建设需与核心保护范围内风貌相协调。

保护要求：一切建设相关活动须符合本规划对古镇保护范围（紫线范围）的保护要求。

参考文献

[1] 胡少锋.基于宜居理念的城市交通的评价与对策研究[D].重庆:重庆交通大学,2010.

[2] 卢庆芳,彭伟辉.中国城市"宜居、宜业、宜商"评价体系研究——以四川省为例[J].四川师范大学学报(社会科学版),2018(5):24-30.

[3] 刘真心.动态能力视角下的我国村镇宜居社区建设发展战略研究[D].北京:北京交通大学,2017.

[4] 张颖欢.城镇防灾避难场所应急给排水系统探究[J].科学技术创新,2018(1):105-106.

[5] 李勇.浅析国家园林城市标准的变化[J].现代园艺,2018(4):157-158.

[6] 陈丽华,何佳.小城镇规划[M].2版.北京:中国林业出版社,2017.

[7] 中华人民共和国住房和城乡建设部.城市用地分类与规划建设用地标准[M].北京:中国建筑出版社,2011.

[8] 华克见.小城镇园林景观设计指南[M].天津:天津大学出版社,2014.

[9] 王月容,段敏杰,刘晶.北京市北小河公园绿地生态保健功能效应[J].科学技术与工程,2017,18(17):31-40.

[10] 段敏杰,王月容,刘晶.北京紫竹院公园绿地生态保健功能综合评价[J].生态学杂志,2017(7).

[11] 张呈祥,孙金华,王维,等.不同管理模式下城镇道路绿地的生态系统服务价值和生态成本研究——以浙江省永嘉县为例[J].资源科学,2017,39(3):522-532.

[12] 姜刘志,杨道运,梅岑岑.城市绿地生态系统服务功能及其价值评估——以深圳市福田区为例[J].华中师范大学学报(自然科学版),2018,179(3):138-145.

[13] 舒也,吴仁武,史琰,等.城市绿地心理保健研究综述[J].江苏农业科学,2018,46(20):8-13.

[14] 郑钧,吴仁武,任伟涛.公园绿地生态保健功能研究进展[J].江苏农业科学,2018(16):15-21.

[15] 张云路,李雄.基于城市绿地系统空间布局优化的城市通风廊道规划探索——以晋中市为例[J].城市发展研究,2017(5):41-47.

[16] 黎传熙.湾区区域经济下协同层城市发展战略新思考——以粤港澳大湾区肇庆市发展为例[J].天津商业大学学报,2018,38(5):60-67.

[17] 陈帅.山区小城镇路网合理性评价研究[D].南京:东南大学,2017.

[18] 刘满平.当前我国县域农村发展的成绩、问题及建议——对湖南西南部一个县域农村的春节观察与思考[J].中国发展观察,2019(Z1):102-104+70.

[19] 陈鹏.改革开放四十年来我国城镇化道路的探索和完善[J].广东行政学院学报,2018,30(5):15-21.

[20] 杨建军,徐杰,茅路飞.基于城市修补理念的小城镇道路交通优化策略研究——以义乌佛堂镇为例[J].建筑与文化,2018(5).

[21] 农村土地综合开发治理投资课题组,韩连贵.关于探讨农村土地综合开发治理利用、征购储备、供应占用和财政筹融资监管体系完善的途径(下)[J].经济研究参考,2017(20):4-115.

[22] 王家明,丁浩,郑皓.基于改进耦合协调模型的山东省城镇化协调发展研究[J].科技进步与对策,2018,35(24):29-35.

[23] 刘曼,黄经南,王国恩.基于需求导向的城市公共停车场规划方法探讨[J].规划师,2017,33(10):101-106.

[24] 李效,叶坚,徐冉,等.南京市城区交通供需分析及管理方法思考[J].现代交通技术,2018,15(6):50-55.

[25] 陈新,杨雪,杨珺,马云峰.城市用地形态与城市交通布局模式研究[J].经济经纬,2005(3):64-66.

[26] 于英.城市空间形态维度的复杂循环研究[D].哈尔滨:哈尔滨工业大学,2009.

[27] 詹运洲,欧胜兰,周文娜,等.传承与创新:上海新一轮城市总体规划总图编制的思考[J].城市规划学刊,2015(4):48-54.

[28] 胡现岗.我国就近城镇化的动力与阻力分析——基于推拉理论视角[J].河北科技师范学院学报(社会科学版),2017,16(4):38-45.

[29] 刘拥辉,汤红艳,丰凯亮,张科.小城镇道路交通整治要点探讨[J].小城镇建设,2018(2):61-65.

[30] 城市交通综合治理现代化——中国城市交通发展论坛 2017 年第 3 次研讨会[J].城市交通,2017,15(5):1-9.

[31] 宾海鹰,庞广强,龙万恩.区域智慧高速公路建设探讨[J].西部交通科技,2018(8):179-181.

[32] 王黎.贯穿规划建设管理全流程的慢行交通提升研究[J].工程建设与设计,2019(3):108-110.

[33] 赵一成.交通路道路改扩建工程非机动车道单侧布置方案设计[J].上海建设科技,2018(5):8-11.

[34] 李国平,李迅,冯长春,等.我国小城镇可持续转型发展研究综述与展望[J].重庆理工大学学报(社会科学),2018,32(6):32-49.

[35] 王江红.新城建设中城市小尺度街区规划模式研究[D].苏州:苏州科技大学,2018.

[36] 《中国公路学报》编辑部.中国交通工程学术研究综述·2016[J].中国公路学报,2016,29(6):1-161.

[37] 孙斌栋,金晓溪,林杰.走向大中小城市协调发展的中国新型城镇化格局——1952年以来中国城市规模分布演化与影响因素[J].地理研究,2019,38(1):75-84.

[38] 王成林,屈晓芒,皇甫宜龙,等.北京城市副中心公路货运服务网点布局规划研究[J].北京交通大学学报(社会科学版),2019,18(2):105-118.

[39] 赵旭雯,张敏芳."十二五"城市排水系统建设的探讨[J].水工业市场,2012(8):7-27.

[40] 锁秀.绿色基础设施:为健康城镇化提供生态系统服务[J].风景园林,2013(6):153.

[41] 李远,杨扬,蔡楠,等.城市生态环境质量综合评估技术与应用[M].北京:中国环境科学出版社,2014.

[42] 刘绮,潘伟斌.环境质量评价[M].广州:华南理工大学出版社,2008.

[43] 罗文泊,盛连喜.生态监测与评价[M].北京:化学工业出版社,2011.

[44] 王胜永,周鲁潍.景观设计基础[M].北京:中国建筑工业出版社,2010.

[45] 董三孝.园林工程施工与管理 [M].北京:中国林业出版社,2014.

[46] 陈祺,陈佳.园林工程建设技术丛书——园林工程建设现场施工技术[M].北京:化学工业出版社,2004.

[47] 刘茂,李迪.城市安全与防灾规划原理[M].北京:北京大学出版社,2018.

[48] 宋波,陈彦然.城市灾害与抗震防灾对策[M].北京:中国水利水电出版社,2017.

[49] 苏幼坡,马丹祥.城市防灾学概要[M].北京:中国建筑工业出版社,2017.

[50] 张翰卿,戴慎志.城市安全规划研究综述[J].城市规划学刊,2005(2):38-44.

[51] 王志涛,苏经宇,刘朝峰.城乡建设防灾减灾面临的挑战与对策[J].城市规划,2013(2):51-55.

[52] 周洪建,张卫星.社区灾害风险管理模式的对比研究——以中国综合减灾示范社区与国外社区为例[J].灾害学,2013,28(2):120-126.

[53] 周洪建,张卫星,雷永登,等.中国综合减灾示范社区的时空格局[J].地理研究,2013(6):1077-1083.

[54] 孔锋,吕丽莉.透视中国综合防灾减灾的主要进展及其挑战和战略对策[J].水利水电技术,2018,49(1):42-50.

[55] 骆中钊,张惠芳,骆集莹.新型城镇住宅建筑设计[M].北京:化学出版社,2017.

[56] 姜传鉷.空中庭院:花园住宅的设计及实践[M].北京:中国建筑工业出版社,2017.
[57] 骆中钊,韩春平,庄耿.新型城镇园林景观设计[M].北京:化学出版社,2017.
[58] 高永刚.庭院设计[M].上海:上海文化出版社,2015.
[59] 万象,路萍.住宅区园林景观设计及精彩案例[M].合肥:安徽科学技术出版社,2016.
[60] 崔奉卫.小城镇住区规划与住宅设计指南[M].天津:天津大学出版社,2015.